化工工艺与安全技术

冯　娜　高维友　冯谢力　◎著

吉林科学技术出版社

图书在版编目（CIP）数据

化工工艺与安全技术 / 冯娜，高维友，冯谢力著
. -- 长春 ： 吉林科学技术出版社，2023.3
ISBN 978-7-5744-0161-7

Ⅰ. ①化… Ⅱ. ①冯… ②高… ③冯… Ⅲ. ①化工过程－工艺学②化工安全 Ⅳ. ①TQ02②TQ086

中国国家版本馆 CIP 数据核字(2023)第 053824 号

化工工艺与安全技术

作　　者　冯　娜　高维友　冯谢力
出 版 人　宛　霞
责任编辑　金方建
幅面尺寸　185mm×260mm
开　　本　16
字　　数　297 千字
印　　张　13
版　　次　2023 年 3 月第 1 版
印　　次　2023 年 3 月第 1 次印刷

出　　版　吉林科学技术出版社
发　　行　吉林科学技术出版社
地　　址　长春市净月区福祉大路 5788 号
邮　　编　130118
发行部电话/传真　0431-81629529　81629530　81629531
81629532　81629533　81629534
储运部电话　0431-86059116
编辑部电话　0431-81629518
印　　刷　北京四海锦诚印刷技术有限公司

书　　号　ISBN 978-7-5744-0161-7
定　　价　80.00 元

前言

化学工业是我国国民经济的支柱产业，主要包括无机化工、有机化工、精细化工、生物化工、能源化工、化工新材料等，为我国社会经济发展和国防建设等提供了重要的基础材料和能源，创造了社会财富。化学工业在世界各国国民经济中皆占据重要的位置。

在安全工程学科领域，化工安全的专业技术性非常强，它同化学品、化工工艺过程本身联系极为紧密。化工工艺过程中的危险通常来自两方面：涉及化学品本身的危险和工艺处理过程（工艺技术和工艺设备）所带来的危险。往往安全问题原本就是工艺过程的问题，或者说工艺问题带来的也是安全问题。这是由于化工生产所用物料危险性大、工艺条件苛刻、生产工艺复杂，稍有疏忽，就有可能酿成一次重大的安全事故。因此，为化工行业培养大量的与当代乃至未来发展相适应的安全工程专业人才，显得十分迫切。

随着科学技术的发展，人们的物质生活和文化生活水平得到不断提高，特别是石油化工、精细化工行业迅速崛起，有力地促进了国民经济的发展。本书从化工安全生产出发，对相关化学工艺及安全技术进行详细的探索与分析，最后对应急避险与现场急救进行分析与总结。本书具有较强的针对性、实用性和可操作性，主要供安全生产专业人员参加中级注册安全工程师职业资格考试复习之用，也可用于指导安全生产管理和技术人员的工作实践。

目 录

第一章 化工安全生产

第一节 化工企业安全生产特点

目前，我国化工行业呈现“两极化”发展态势。一是以装置大型化、工艺复杂化、产业集约化、技术资金密集化为突出特点的大型化工企业。这类企业工艺过程连续性强、自动化程度高，化工过程安全管理难度大。二是以工艺落后、人员专业素质不高、装备水平较低为显著特征的中小化工企业。这些企业生产过程安全管理能力差，事故易发多发。这就要求夯实化工企业安全基础，实现化工行业安全发展，必须实行分类指导，因企制宜。化工企业安全生产主要有以下特点：

一、原料和产品易燃易爆、有毒有害、易腐蚀

化工生产中化学品种类繁多，从原料到产品，包括工艺过程中的半成品、中间体、溶剂、添加剂、催化剂、试剂等。这些化学品中，70%以上具有易燃易爆、有毒有害和有腐蚀性等危害特性，而且多数以气体、液体状态存在，在高温高压等苛刻条件下极易发生泄漏或挥发，导致火灾、爆炸、中毒等事故的发生。如果操作失误、违反操作规程或设备管理不善、年久失修，发生事故的可能性更大。

化工生产过程中，一些原料、产品或者中间产品具有腐蚀性，例如，在生产过程中使用一些强腐蚀性的物质，如硫酸、硝酸、盐酸和烧碱等，它们不但能灼烧生产人员，而且对金属设备也有很强的腐蚀作用。再如原油中含有硫化物就会腐蚀设备管道。化学反应中也常常会生成新的具有腐蚀性的物质，如硫化氧、氯化氢、氮氧化物等，如果在设计时没有考虑到该类腐蚀产物的出现，不但会大大降低设备的使用寿命，还会使设备减薄、变脆，甚至承受不了设备的设计压力而突发事故。

总之，化工生产涉及物料种类多、性质差异大，充分了解原材料、中间体和产品的性质，对于安全生产是十分必要的。这些性质通常包括闪点、燃点、自燃点、熔点或凝固点、沸点、蒸气压、溶解度、爆炸极限、热稳定性、光稳定性、毒性、腐蚀性、空气中的允许浓

度等。根据物料的性质可以制定必要的防护措施、中毒的急救措施和安全生产措施等。

二、生产工艺复杂，操作条件苛刻

化工生产涉及多种反应类型，反应特性及工艺条件相差悬殊，影响因素多而易变，工艺条件要求严格，甚至苛刻。有的化学反应在高温、高压下进行，有的则需要在低温、高真空等条件下进行。例如，石油烃类裂解，裂解炉出口的温度高达 950℃，而裂解产物气的分离需要在-96℃进行；氨的合成要在 10～30 MPa、300℃左右的条件下进行；乙烯聚合生产聚乙烯是在 130～300MPa、150～300℃的条件下进行的。苛刻的工艺参数条件一方面增加了工艺的本身危害性，另一方面也对化工工艺的控制和化工设备的维护都产生了巨大的挑战。

此外，化工生产中涉及各种硝化、氧化、聚合、磺化等放热甚至强放热反应，这类反应可能会由于物料的投放顺序、速度、配料比、冷却剂温度、流量、搅拌、供电、杂质等工艺参数的控制失效而发生热量积聚的情况，进一步恶化造成局部过热或“飞温”，甚至爆炸。一些反应活性较高的化学品在储存过程中也有可能由于缓慢的氧化积热而造成类似的反应失控事故。

三、化工生产装置的大型化、连续化、自动化以及智能化

近几十年来，国际上化工生产采用大型生产装置是一个明显的趋势，如合成氨工业和石油化工，氨的合成塔尺寸，50 年来扩大了 3 倍，氨的产出率增加了 9 倍以上，乙烯装置的生产能力已达到年产 100 万吨。化工装置大型化的同时，计算机技术广泛应用，生产装置也向高度连续化、控制保障系统自动化的方向发展，化工生产实现了远程自动化控制和操作系统的智能化。现代大型化工生产装置的科学、安全和熟练的操作控制，需要操作人员具有现代化学工艺理论知识与技能、高度的安全生产意识和责任感，保证装置的安全运行。操作人员对操作系统的误操作以及控制系统的故障都有可能导致严重的事故。

四、化工生产的系统性和综合性强

将原料转化为产品的化工生产活动，其综合性不仅体现在生产系统内部的原料、中间体、成品纵向上的联系，而且体现在与水、电、蒸汽等能源的供给，机械设备、电器、仪表的维护与保障，副产物的综合利用，废物处理和环境保护，产品应用等横向上的联系。任何系统或部门的运行状况，都将影响甚至是制约化工工艺系统内的正常运行与操作。化工生产各系统间相互联系密切，系统性和协作性很强。化工生产的任一系统发生问题都会对整个生产系统产生影响，严重时甚至会引发事故。

五、正常生产与施工并存

化工企业新建（改建、扩建）项目、装置改造以及故障检修等，导致企业生产运行与施工作业并存，不仅存在施工作业风险，而且给生产装置（设施）的安全运行带来一定威胁；同时，参加施工作业的生产运行人员也存在不安全行为。正常生产与施工并存时，还存在物的不安全状态、环境的不安全和管理风险等。

六、事故应急救援难度大

化工生产中多种类危险化学品的存在、日益扩大的装置规模以及复杂的管路交叉布置，大大增加了事故应急救援的难度。如果未能在事故发生前做好充分的应急准备，很难在事故救援过程中做出正确的应急救援策略，导致事故扩大，甚至引发灾难性的事故后果。

第二节　化工生产过程安全

化工生产过程安全包含危险化学品的生产、贮存、使用、经营、运输或处置，或者与这些活动有关的设备维护、保养、检修和工艺变更等活动全过程，是化工企业安全生产的基础，是化工企业安全管理的核心，是消除和减少工艺过程的危害、减轻事故后果的重要前提。

从20世纪60年代开始，由于工业过程特别是以化学工业、石油化学工业为代表的高能化、自动化大型生产装置在世界范围内的迅速发展，灾害性爆炸事故、火灾事故、人群中毒事故不断出现，这些灾害所造成的严重后果和社会问题远远超过了事故本身。在高科技越来越密集，经济规模越来越宏大的当今，避免化学工业灾难性事故成为一个国家经济顺利发展的前提条件，已经成为化工装置平稳安全运行的核心问题。人类文明和社会进步要求化工生产过程具有更高的安全性、可靠性和稳定性。

化工过程装置的工艺结构决定了装置系统的危险特征。化工过程安全是以化学工业生产工艺过程及典型装置为对象，研究其工艺与过程的介质、工艺、装备、控制及系统的危险性与安全技术的工程问题。对装置结构中的反应、传质、传热、输送等过程的物料平衡、能量平衡、动量平衡等条件进行分析，研究过程动态变量对平衡与稳定条件的影响以及反应过程危险要素的动态物性和转化机制、事故灾害的突跃条件及状态变化，建立系统安全运行和操作控制技术条件，确定边界状态变量、极限控制参数等。

化工过程（chemical process）伴随易燃易爆、有毒有害等物料和产品，涉及工艺、设备、仪表、电气等多个专业和复杂的公用工程系统。加强化工过程安全管理，是国际先进的重大工业事故预防和控制方法，是企业及时消除安全隐患、预防事故，构建安全生产长效机制的重要基础性工作。

一、化工过程安全管理的主要内容和任务

化工过程安全管理的主要内容和任务包括：收集和利用化工过程安全生产信息；风险辨识和控制；不断完善并严格执行操作规程；通过规范管理，确保装置安全运行；开展安全教育和操作技能培训；严格新装置试车和试生产的安全管理；保持设备设施完好性；作业安全管理；承包商安全管理；变更管理；应急管理；事故和事件管理；化工过程安全管理的持续改进等。

二、安全生产信息管理

（一）全面收集安全生产信息

企业要明确责任部门，按照《化工过程安全管理则》（AQ/T 3034-2022）的要求，全面收集生产过程涉及的化学品危险性、工艺和设备等方面的全部安全生产信息，并将其文件化。

（二）充分利用安全生产信息

企业要综合分析收集到的各类信息，明确提出生产过程安全要求和注意事项。通过建立安全管理制度、制订操作规程、制定应急救援预案、制作工艺卡片、编制培训手册和技术手册、编制化学品间的安全相容矩阵表等措施，将各项安全要求和注意事项纳入自身的安全管理中。

（三）建立安全生产信息管理制度

企业要建立安全生产信息管理制度，及时更新信息文件。企业要保证生产管理、过程危害分析、事故调查、符合性审核、安全监督检查、应急救援等方面的相关人员能够及时获取最新安全生产信息。

三、风险管理

（一）建立风险管理制度

企业要制定化工过程风险管理制度，明确风险辨识范围、方法、频次和责任人，规定风险分析结果应用和改进措施落实的要求，对生产全过程进行风险辨识分析。对涉及重点监管危险化学品、重点监管危险化工工艺和危险化学品重大危险源（统称“两重点一重大”）的生产储存装置进行风险辨识分析，要采用危险与可操作性分析（HAZOP）技术，一般每三年进行一次。对其他生产储存装置的风险辨识分析，针对装置不同的复杂程度，选用安全检查表、工作危害分析、预危险性分析、故障类型和影响分析（FMEA）、HAZOP 技术等方法或多种方法组合，可每五年进行一次。企业管理机构、人员构成、生产装置等发生重大变化或发生生产安全事故时，企业要组织所有人员参与风险辨识分析，力求风险辨识分析全覆盖。

（二）确定风险辨识分析内容

化工过程风险分析应包括：工艺技术的本质安全性及风险程度；工艺系统可能存在的风险；对严重事件的安全审查情况；控制风险的技术、管理措施及其失效可能引起的后果；现场设施失控和人为失误可能对安全造成的影响。在役装置的风险辨识分析还要包括发生的变更是否存在风险，吸取本企业和其他同类企业事故及事件教训的措施等。

（三）制定可接受的风险标准

企业要按照相关的要求，根据国家有关规定或参照国际相关标准，确定本企业可接受的风险标准。对辨识分析发现的不可接受风险，企业要及时制定并落实消除、减小或控制风险的措施，将风险控制在可接受的范围。

四、装置运行安全管理

（一）操作规程管理

企业要制定操作规程管理制度，规范操作规程内容，明确操作规程编写、审查、批准、分发、使用、控制、修改及废止的程序和职责。操作规程的内容应至少包括：开车、正常操作、临时操作、应急操作、正常停车和紧急停车的操作步骤与安全要求；工艺参数的正常控制范围，偏离正常工况的后果，防止和纠正偏离正常工况的方法及步骤；操作过程人身安全保障、职业健康注意事项等。操作规程应及时反映安全生产信息、安全要求和注意事项的变化。企业每年要对操作规程的适应性和有效性进行确认，至少每三年要对操作规程进行审核修订；当工艺技术、设备发生重大变更时，要及时审核修订操作规程。

企业要确保作业现场始终存有最新版本的操作规程文本，以方便现场操作人员随时查用；定期开展操作规程培训和考核，建立培训记录和考核成绩档案；鼓励从业人员分享安全操作经验，参与操作规程的编制、修订和审核。

（二）异常工况监测预警

企业要装备自动化控制系统，对重要工艺参数进行实时监控预警；要采用在线安全监控、自动检测或人工分析数据等手段，及时判断发生异常工况的根源，评估可能产生的后果，制订安全处置方案，避免因处理不当造成事故。

（三）开停车安全管理

企业要制定开停车安全条件检查确认制度。在正常开停车、紧急停车后的开车前，都要进行安全条件检查确认。开停车前，企业要进行风险辨识分析，制订开停车方案，编制安全措施和开停车步骤确认表，经生产和安全管理部门审查同意后，要严格执行并将相关资料存档备查。

企业要落实开停车安全管理责任，严格执行开停车方案，建立重要作业责任人签字确认制度。开车过程中装置依次进行吹扫、清洗、气密试验时，要制定有效的安全措施；引进蒸汽、氮气、易燃易爆介质前，要指定有经验的专业人员进行流程确认；引进物料时，要随时监测物料流域、温度、压力、液位等参数变化情况，确认流程是否正确。要严格控制进退料顺序和速率，现场安排专人不间断巡检，监控有无泄漏等异常现象。

停车过程中的设备、管线低点的排放要按照顺序缓慢进行，并做好个人防护；设备、管线吹扫处理完毕后，要用盲板切断与其他系统的联系。抽堵盲板作业应在编号、挂牌、登记后按规定的顺序进行，并安排专人逐一进行现场确认。

五、岗位安全教育和操作技能培训

（一）建立并执行安全教育培训制度

企业要建立厂、车间、班组三级安全教育培训体系，制定安全教育培训制度，明确教育培训的具体要求、内容、方式和效果。

（二）从业人员安全教育培训

企业要按照国家和企业要求，定期开展从业人员安全培训，使从业人员掌握安全生产基本常识及本岗位操作要点、操作规程、危险因素和控制措施，掌握异常工况识别判定、应急处置、避险避灾、自救互救等技能与方法，熟练使用个体防护用品。当工艺技术、设备设施等发生改变时，要及时对操作人员进行再培训。要重视开展从业人员安全教育，使从业人员不断强化安全意识，充分认识化工安全生产的特殊性和极端重要性，自觉遵守企业安全管理规定和操作规程。企业要采取有效的监督检查评估措施，保证安全教育培训工作质量和效果。

（三）新装置投用前的安全操作培训

新建企业应规定从业人员文化素质要求，变招工为招生，加强从业人员专业技能培养。工厂开工建设后，企业就应招录操作人员，使操作人员在上岗前先接受规范的基础知识和专业理论培训。装置试生产前，企业要完成全体管理人员和操作人员岗位技能培训，确保全体管理人员和操作人员考核合格后参加全过程的生产准备。

六、试生产安全管理

（一）明确试生产安全管理职责

企业要明确试生产安全管理范围，合理界定项目建设单位、总承包商、设计单位、监理单位、施工单位等相关方的安全管理范围与职责。

项目建设单位或总承包商负责编制总体试生产方案、明确试生产条件，设计、施工、监理单位要对试生产方案及试生产条件提出审查意见。对采用专利技术的装置，试生产方案经设计、施工、监理单位审查同意后，还要经专利供应商现场人员书面确认。

项目建设单位或总承包商负责编制联动试车方案、投料试车方案、异常工况处置方案等。试生产前，项目建设单位或总承包商要完成工艺流程图、操作规程、工艺卡片、工艺和安全技术规程、事故处理预案、化验分析规程、主要设备运行规程、电气运行规程、仪表及计算机运行规程、联锁整定值等生产技术资料、岗位记录表和技术台账的编制工作。

（二）试生产前各环节的安全管理

建设项目试生产前，建设单位或总承包商要及时组织设计、施工、监理、生产等单位的工程技术人员开展“三查四定”（三查，即查设计漏项、查工程质量、查工程隐患；四定，即整改工作定任务、定人员、定时间、定措施)，确保施工质量符合有关标准和设计要求，确认工艺危害分析报告中的改进措施和安全保障措施已经落实。

系统吹扫冲洗安全管理。在系统吹扫冲洗前，要在排放口设置警戒区，拆除易被吹扫冲洗损坏的所有部件，确认吹扫冲洗流程、介质及压力。蒸汽吹扫时，要落实防止人员烫伤的防护措施。

气密试验安全管理。要确保气密试验方案全覆盖、无遗漏，明确各系统气密的最高压力等级。高压系统气密试验前，要分成若干等级压力，逐级进行气密试验。真空系统进行真空试验前，要先完成气密试验。要用盲板将气密试验系统与其他系统隔离，严禁超压。

单机试车安全管理。企业要完善单机试车安全管理程序。单机试车前，要编制试车方案、操作规程，并经各专业确认。单机试车过程中，应安排专人操作、监护、记录，发现异常立即处理。单机试车结束后，建设单位要组织设计、施工、监理及制造商等方面人员签字确认并填写试车记录。

联动试车安全管理。联动试车应具备下列条件：所有操作人员考核合格并已取得上岗资格；公用工程系统已稳定运行；试车方案和相关操作规程、经审查批准的仪表报警和联锁值已整定完毕；各类生产记录、报表已印发到岗位；负责统一指挥的协调人员已经确定。引入燃料或窒息性气体后，企业必须建立并执行每日安全调度例会制度，统筹协调全部试车的安全管理工作。

投料安全管理。投料前，要全面检查工艺、设备、电气、仪表、公用工程和应急准备等情况，具备条件后方可进行投料。投料及试生产过程中，管理人员要现场指挥，操作人员要持续进行现场巡查，设备、电气、仪表等专业人员要加强现场巡检，发现问题及时报告和处理。投料试生产过程中，要严格控制现场人数，严禁无关人员进入现场。

七、设备完好性（完整性）

（一）建立并不断完善设备管理制度

建立设备台账管理制度。企业要对所有设备进行编号，建立设备台账、技术档案和备品配件管理制度，编制设备操作和维护规程。设备操作、维修人员要进行专门的培训和资格考核，培训考核情况要记录存档。

建立装置泄漏监（检）测管理制度。企业要统计和分析可能出现泄漏的部位、物料种类和最大量。定期监（检）测生产装置动静密封点，发现问题及时处理。定期标定各类泄漏检测报警仪器，确保准确有效。要加强防腐蚀管理，确定检查部位，定期检测，建立检测数据库。对重点部位要加大检测检查频次，及时发现和处理管道、设备壁厚减薄情况；

定期评估防腐效果和核算设备剩余使用寿命，及时发现并更新更换存在安全隐患的设备。

建立电气安全管理制度。企业要编制电气设备设施操作、维护、检修等管理制度。定期开展企业电源系统安全可靠性分析和风险评估。要制定防爆电气设备、线路检查和维护管理制度。

建立仪表自动化控制系统安全管理制度。新（改、扩）建装置和大修装置的仪表自动化控制系统投用前、长期停用的仪表自动化控制系统再次启用前，必须进行检查确认，要建立健全仪表自动化控制系统日常维护保养制度，建立安全联锁保护系统停运、变更专业会签和技术负责人审批制度。

（二）设备安全运行管理

开展设备预防性维修。关键设备要装备在线监测系统。要定期监（检）测检查关键设备、连续监（检）测检查仪表，及时消除静设备密封件、动设备易损件的安全隐患。定期检查压力管道阀门、螺栓等附件的安全状态，及早发现和消除设备缺陷。

加强动设备管理。企业要编制动设备操作规程，确保动设备始终具备规定的工况条件。自动监测大机组和重点动设备的转速、振动、位移、温度、压力、腐蚀性介质含量等运行参数，及时评估设备运行状况。加强动设备润滑管理，确保动设备运行可靠。

开展安全仪表系统安全完整性等级评估。企业要在风险分析的基础上，确定安全仪表功能（SIF）及其相应的功能安全要求或安全完整性等级（SIL）。企业要按照《过程工业领域安全仪表系统的功能安全》（GB/T 21109-2022）和《石油化工安全仪表系统设计规范》（GB/T 50770-2013）的要求，设计、安装、管理和维护安全仪表系统。

八、作业安全管理

（一）建立危险作业许可制度

企业要根据《危险化学品企业特殊作业安全规范》（GB 30871-2022）的规定建立并不断完善危险作业许可制度，规范动火、进入受限空间、动土、临时用电、高处作业、断路、吊装、抽堵盲板等特殊作业安全条件和审批程序。实施特殊作业前，必须办理审批手续。

（二）落实危险作业安全管理责任

实施危险作业前，必须进行风险分析、确认安全条件，确保作业人员了解作业风险和掌握风险控制措施，作业环境符合安全要求，预防和控制风险措施得到落实。危险作业审批人员要在现场检查确认无安全隐患和风险措施可控后签发作业许可证。现场监护人员要熟悉作业范围内的工艺、设备和物料状态，具备应急救援和处置能力。作业过程中，管理人员要加强现场监督检查，严禁监护人员擅离现场。

九、承包商管理

（一）严格承包商管理制度

企业要建立承包商安全管理制度，将承包商在本企业发生的事故纳入企业事故管理。企业选择承包商时，要严格审查承包商有关资质，定期评估承包商安全生产业绩，及时淘汰业绩差的承包商。企业要对承包商作业人员进行严格的入厂安全培训教育，经考核合格的方可凭证入厂，禁止未经安全培训教育的承包商作业人员入厂。企业要妥善保存承包商作业人员安全培训教育记录。

（二）落实安全管理责任

承包商进入作业现场前，企业要与承包商作业人员进行现场安全交底，审查承包商编制的施工方案和作业安全措施，与承包商签订安全管理协议，明确双方安全管理范围与责任。现场安全交底的内容包括作业过程中可能出现的泄漏、火灾、爆炸、中毒窒息、触电、坠落、物体打击和机械伤害等方面的危害信息。承包商要确保作业人员接受了相关的安全培训，掌握与作业相关的所有危害信息和应急预案。企业要对承包商作业进行全程安全监督。

十、变更管理

（一）建立变更管理制度

企业在工艺、设备、仪表、电气、公用工程、备件、材料、化学品、生产组织方式和人员等方面发生的所有变化，都要纳入变更管理。变更管理制度至少包含以下内容：变更的事项、起始时间，变更的技术基础、可能带来的安全风险，消除和控制安全风险的措施，是否修改操作规程，变更审批权限，变更实施后的安全验收等。实施变更前，企业要组织专业人员进行检查，确保变更具备安全条件；明确受变更影响的本企业人员和承包商作业人员，并对其进行相应的培训。变更完成后，企业要及时更新相应的安全生产信息，建立变更管理档案。

（二）严格变更管理

工艺技术变更。主要包括生产能力，原辅材料（包括助剂、添加剂、催化剂等）和介质（包括成分比例的变化），工艺路线、流程及操作条件，工艺操作规程或操作方法，工艺控制参数，仪表控制系统（包括安全报警和联锁整定值的改变），水、电、汽、风等公用工程方面的改变等。

设备设施变更。主要包括设备设施的更新改造、非同类型替换（包括型号、材质、安全设施的变更）、布局改变，备件、材料的改变，监控、测量仪表的变更，计算机及软件的变更，电气设备的变更，增加临时的电气设备等。

管理变更。主要包括人员、供应商和承包商、管理机构、管理职责、管理制度和标准发生变化等。

（三）变更管理程序

审批。变更申请表应逐级上报企业主管部门，并按管理权限报主管负责人审批。

实施。变更批准后，由企业主管部门负责实施。没有经过审查和批准，任何临时性变更都不得超过原批准范围和期限。

验收。变更结束后，企业主管部门应对变更实施情况进行验收并形成报告，及时通知相关部门和有关人员。相关部门收到变更验收报告后，要及时更新安全生产信息，载入变更管理档案。

十一、应急管理

（一）编制应急预案并定期演练完善

企业要建立完整的应急预案体系，包括综合应急预案、专项应急预案、现场处置方案等。要定期开展各类应急预案的培训和演练，评估预案演练效果并及时完善预案。企业制订的预案要与周边社区、周边企业和地方政府的预案相互衔接，并按规定报当地政府备案。企业要与当地应急体系形成联动机制。

（二）提高应急响应能力

企业要建立应急响应系统，明确组成人员（必要时可吸收外部人员参加），并明确每位成员的职责。要建立应急救援专家库，对应急处置提供技术支持。发生紧急情况后，应急处置人员要在规定时间内到达各自岗位，按照应急预案的要求进行处置。要授权应急处置人员在紧急情况下组织装置紧急停车和相关人员撤离。企业要建立应急物资储备制度，加强应急物资储备和动态管理，定期核查并及时补充和更新。

十二、事故和事件管理

（一）未遂事故等安全事件的管理

企业要制定安全事件管理制度，加强未遂事故等安全事件（包括生产事故征兆、非计划停车、异常工况、泄漏、轻伤等）的管理。要建立未遂事故和事件报告激励机制。要深入调查分析安全事件，找出事件的根本原因，及时消除人的不安全行为和物的不安全状态。

（二）吸取事故（事件）教训

企业完成事故（事件）调查后，要及时落实防范措施，组织开展内部分析交流，吸取事故（事件）教训。要重视外部事故信息收集工作，认真吸取同类企业、装置的事故教训，提高安全意识和防范事故能力。

十三、持续改进化工过程安全管理工作

第一，企业要成立化工过程安全管理工作领导机构，由主要负责人负责，组织开展本企业化工过程安全管理工作。

第二，企业要把化工过程安全管理纳入绩效考核。要组成由生产负责人或技术负责人负责，工艺、设备、电气、仪表、公用工程、安全、人力资源和绩效考核等方面的人员参加的考核小组，定期评估本企业化工过程安全管理的功效，分析查找薄弱环节，及时采取措施，限期整改，并核查整改情况，持续改进。要编制功效评估和整改结果评估报告，并建立评估工作记录。

第三节　危险化学品基础知识

一、危险化学品的概念、分类及危险特性

（一）危险化学品的概念

危险化学品大多具有爆炸、易燃、毒害和腐蚀等特性，在生产、储存、经营、使用、

运输、废弃等过程中，容易造成人身伤害、环境污染和财产损失，因而需要采取非常严格的安全措施和特别防护。危险品在联合国运输规范和全球统一分类中具有不同的分类方法，各国对危险品的定义都与其危害性密切相关。

（二）危险化学品分类及危险特性

危险化学品目前有数千种，其性质各不相同，每一种危险化学品往往具有多种危险性，但是在多种危险性中，必有几种典型的危险性。根据目前我国几种常用的危险化学品相关标准，本节将对危险化学品的分类进行概述。

1. 物理危险

（1）爆炸物

爆炸物是指能通过化学反应在内部产生一定速度、一定温度与压力的气体且对周围环境具有破坏作用的一种固体或液体物质（或其混合物）。烟火物质或混合物无论其是否产生气体都属于爆炸物质。

①爆炸性，在外界条件作用下，爆炸物受热、撞击、摩擦、遇明火或酸碱等因素的影响都易发生爆炸。

②很多爆炸物都有一定的毒性，例如，TNT、硝化甘油、雷酸汞等。

③有些爆炸品与某些化学药品如酸、碱、盐发生反应的生成物是更容易爆炸的化学品。例如，苦味酸遇某些碳酸盐能反应生成更易爆炸的苦味酸盐。

（2）易燃气体

易燃气体是指一种在20℃和标准压力101.3 kPa时与空气混合有一定易燃范围的气体。能发生燃烧爆炸的危险，与空气混合能形成爆炸性混合物，遇热源和明火有燃烧爆炸的危险。例如，甲烷的危害主要在于它的爆炸性，它在空气中爆炸范围为5%~15%，也就是说甲烷与空气（或氧气）在这个浓度范围内均匀混合，形成预混气，遇着火源就会发生爆炸。所以甲烷遇热源和明火有燃烧爆炸的危险。同时与五氧化溴、氯气、次氯酸、三氟化氮、液氧、二氟化氧及其他强氧化剂接触反应剧烈。乙烷与氟、氯等接触会发生剧烈的化学反应，且具有窒息性。丙烷与氧化剂接触猛烈反应，气体比空气重，能在较低处扩散到相当远的地方，遇火源会着火回燃。

（3）气溶胶

喷雾器（系任何不可重新灌装的容器，该容器用金属、玻璃或塑料制成）内装压缩、液化或加压溶解的气体（包含或不包含液体、膏剂或粉末），并配有释放装置以使内装物喷射出来，在气体中形成悬浮的固态或液态微粒或形成泡沫、膏剂或粉末或者以液态或气态形式出现。

能发生燃烧的危险，与空气混合能形成爆炸性混合物，遇热源和明火有燃烧爆炸的危险。

（4）氧化性气体

氧化性气体指一般通过提供氧气比空气更能引起或促进其他材料燃烧的气体。

可引起或加剧燃烧，作为氧化剂助燃等。发生火灾时，遇到氧化性气体会加剧火势的蔓延，甚至发生爆炸，造成更大的损失。

（5）加压气体

加压气体是20℃下，压力等于或大于200 kPa（表压）下装入贮器的气体，或是液化气体或冷冻液化气体。

内装高压气体的容器，遇热可能发生爆炸；若内装冷冻液化气体的容器，则可能造成低温灼伤或损伤。

（6）易燃液体

易燃液体是指闪点不大于93℃（闭杯）的液体。

易燃液体是在常温下极易着火燃烧的液态物质。

①闪点低，着火能量小（多数小于1mJ），爆炸危险大，甚至火星、热体表面也可致燃。加之有不少易燃液体的电阻率较大（108 Ω · cm以上），在操作、运送时容易积聚静电，其能量足以引起燃烧与爆炸。氧化剂也可使易燃液体燃烧或爆炸（如环戊二烯与硝酸）。

②沸点低（多数低于100℃），汽化快，可源源不断供应可燃蒸气。加之易燃液体的黏度大多比较小，具有很高的流动性，甚易向四周扩散，并飘浮于地面、工作台面（因易燃液体蒸气大多比空气重），更加增大了燃烧爆炸的危险性。

③多数有毒。

（7）易燃固体

易燃固体是容易燃烧的固体，是通过摩擦易燃或助燃的固体。

易于燃烧的固体为粉末、颗粒状或糊状物质，它们在与燃烧着的火柴等火源短暂接触即可点燃和火焰迅速蔓延的情况下，都非常危险。

①燃点低，易点燃。易燃固体的着火点都比较低，一般都在300℃以下，在常温下只要有很小能量的着火源就能引起燃烧。有些易燃固体当受到摩擦、撞击等外力作用时也能引起燃烧。

②遇酸、氧化剂易燃易爆。绝大多数易燃固体与酸、氧化剂接触，尤其是与强氧化剂接触时，能够立即引起着火和爆炸。

③本身或燃烧产物有毒。很多易燃固体本身具有毒害性，或燃烧后产生有毒的物质。

④自燃性。易燃固体中的赛璐珞、硝化棉及其制品等在积热不散时，都容易自燃起火。

（8）自反应物质和混合物

自反应物质和混合物是指即使没有氧（空气）也容易发生激烈放热分解的热不稳定液态或固态物质或混合物。自反应物质根据其危险程度分为七种类型，即A型到G型。

这七种类型的危害略有不同，A型为遇热可能爆炸，B型为遇热可能起火或爆炸，C型和D型、E型和F型为遇热可能起火。任何自反应物质或混合物，在实验室试验中，既绝不在空化状态下起爆也绝不爆燃，在封闭条件下加热时显示无效应，而且无任何爆炸力，将定为G型自反应物质。A型的危险性最大。

（9）自燃液体

自燃液体是指即使数量少也能在与空气接触后5 min内着火的液体。

多具有容易氧化、分解的性质，且燃点较低。在未发生自燃前，一般都经过缓慢的氧化过程，同时产生一定热量，当产生的热量越来越多，积热使温度达到该物质的自燃点时便会自发地着火燃烧。

凡能促进氧化反应的一切因素均能促进自燃。空气、受热、受潮、氧化剂、强酸、金属粉末等能与自燃液体发生化学反应或对氧化反应有促进作用，它们都是促使自燃液体自燃的因素。

（10）自燃固体

自燃固体是指即使数量少也能在与空气接触后5 min内着火的固体。

自燃固体同自燃液体一样，多具有容易氧化、分解的性质，且燃点较低。在未发生自燃前，一般都经过缓慢的氧化过程，同时产生一定热量，当产生的热量越来越多，积热使温度达到该物质的自燃点时便会自发地着火燃烧。

凡能促进氧化反应的一切因素均能促进自燃。空气、受热、受潮、氧化剂、强酸、金属粉末等能与自燃固体发生化学反应或对氧化反应有促进作用，它们都是促使自燃固体自燃的因素。

（11）自热物质和混合物

自热物质和混合物是指除自燃液体或自燃固体外，与空气反应不需要能量供应就能够自热的固态或液态物质或混合物，此物质或混合物与自燃液体或自燃固体不同之处在于仅在大量（千克级）并经过长时间（数小时或数天）才会发生自燃。

自热物质和混合物的自热导致自发燃烧是由于物质或混合物与氧气（空气中的氧气）发生反应并且所产生的热没有足够迅速地传导到外界而引起的。当热产生的速度超过热损耗的速度而达到自燃温度时，自燃便会发生。

自热物质分为两类，第 1 类物质的危险性表现为自热，可发生着火；第 2 类物质的危险性表现为大量时自热，可发生着火。

（12）遇水放出易燃气体的物质和混合物

遇水放出易燃气体的物质和混合物是指通过与水作用，容易具有自燃性或放出危险数量的易燃气体的固态或液态物质和混合物。

遇水放出易燃气体的物质和混合物的危险类别共分为三类，第 1 类的危险性表现为遇水可放出可自燃的易燃气体，其危险性较强；第 2、3 类的危险性表现为遇水可放出易燃气体，危险性较第 1 类稍弱。释放出易燃气体后，与空气混合达到爆炸极限，遇点火源极易发生燃烧爆炸。

（13）氧化性液体

氧化性液体是指本身未必可燃，但通常会放出氧气可能引起或促使其他物质燃烧的液体。

氧化性液体的危险类别分为三类，第 1 类的危险性表现为可能引起燃烧或爆炸，或作为强氧化剂起作用；第 2、3 类的危险性表现为可能加剧燃烧，或作为氧化剂起作用。

（14）氧化性固体

氧化性固体是指本身未必可燃，但通常会放出氧气可能引起或促使其他物质燃烧的固体。

氧化性固体的危险类别分为三类，第 1 类的危险性表现为可能引起燃烧或爆炸，或作为强氧化剂起作用；第 2、3 类的危险性表现为可能加剧燃烧，或作为氧化剂起作用。

（15）有机过氧化物

有机过氧化物是指含有二价-O-O-结构和可视为过氧化氢的一个或两个氢原子已破有机基团取代的衍生物的液态或固态有机物。同时还包括有机过氧化物配制物（混合物）。有机过氧化物是可发生放热自加速分解、热不稳定的物质或混合物。

有机过氧化物的危险类别分为七类，A 类的危险性表现为遇热可能引起爆炸；B 类的危险性表现为遇热可能引起燃烧或爆炸；C、D、E、F 类的危险性表现为遇热可能引起燃烧；G 类的危险性表现为在实验室试验中，既绝不在空化状态下起爆也绝不爆燃，在封闭条件下加热时显示无效应，而且无任何爆炸力。

（16）金属腐蚀物

金属腐蚀物是指通过化学作用会显著损伤甚至毁坏金属的物质或混合物。

金属腐蚀物的危害在于可能腐蚀金属，腐蚀时，在金属的界面上发生了化学或电化学多相反应，使金属转入氧化（离子）状态。这会显著降低金属材料的强度、塑性、韧性等力学性能，破坏金属构件的几何形状，增加零件间的磨损，恶化电学和光学等物理性能，缩短设备的使用寿命，甚至造成火灾、爆炸等灾难性事故。

2. 健康危害

(1) 急性毒性

①定义。急性毒性是指在单剂量或在 24 h 内多剂量口服或皮肤接触一种物质，或吸入接触 4 h 之后出现的有害效应。

②分类。化学品可按所列的数值极限标准，根据经口、皮肤接触或吸入途径的急性毒性划入五种毒性类别之一。急性毒性值用（近似）LD_{50}对值（经口、皮肤接触）或 LC_{50} 值（吸入）表示，或用急性毒性估计值（ATE）表示。

(2) 皮肤腐蚀/刺激

①定义。皮肤腐蚀是对皮肤造成不可逆损伤，即施用试验物质达到 4 h 后，可观察到表皮和真皮坏死。

腐蚀反应的特征是溃疡、出血、有血的结痂，而且在观察期 14 d 结束时，皮肤、完全脱发区域和结痂处由于漂白而褪色。应考虑通过组织病理学来评估可疑的病变。

皮肤刺激是施用试验物质达到 4 h 后对皮肤造成可逆损伤。

②分类

第一，类别 1 为皮肤腐蚀性，分为 1A、1B 和 1C 三个子类别。

腐蚀物是会产生经皮肤组织破坏的试验物，即 3 只试验动物暴露高达 4 h，其间至少 1 只动物有可见的坏疽透过表皮和进入真皮。腐蚀反应具有溃疡、出血、愈痂的特征，到 14 d后观察时有皮肤变白脱色、全区脱发和伤痕的特征，应考虑对可疑病害组织病理学检查。在腐蚀类别中子类别 1A 为按照暴露 3 min 和观察 1 h 期间发生的反应；子类别 1B 为按照暴露 3 min~1 h 之间和高达 14 d 观察期内发生的反应；子类别 1C 为按照暴露 1~4 h 之间和高达 14 d 观察期发生的反应。

第二，类别 2 为皮肤刺激性。

皮肤刺激性物质是 3 只试验动物至少 2 只在斑贴物除去后，于 24 h、48 h 和 72 h 阶段红斑/焦痂或浮肿的平均值≥2. 3~4. 0，或者如果反应是延退的，则从皮肤反应开始后，各阶段 3 个相继日评估；或至少 2 只动物保持炎症至观察期末正常为 14 d，尤其考虑到脱发症（有限面积）、表皮角化症、增生和伤痕；或在某些情况，动物中间的反应会明显不同，一只动物对化学品暴露有关的很明确的阳性反应但低于上述准则。

第三，类别 3 为导致微弱皮肤刺激。

皮肤轻度刺激性物质是 3 只试验动物至少 2 只在斑贴物除去后，于 24 h、48 h 和 72 h 阶段红斑/焦痂或浮肿的平均值为 1. 5~2. 3，或者如果反应是延退的，则从皮肤反应开始后各阶段 3 个相继日评估（当不包括在上述刺激类别时）。

（3）严重眼损伤/眼刺激

①定义。严重眼损伤是将受试物施用于眼睛前部表面进行暴露接触，引起了眼部组织损伤，或出现严重的视力衰退，且在暴露后的 21 d 内尚不能完全恢复。

眼刺激是将受试物施用于眼睛前部表面进行暴露接触，眼睛发生的改变，且在暴露后的 21 d 内出现的改变可完全消失，恢复正常。

②分类

第一，类别 1 为导致严重眼部损伤。

类别 1 为严重眼部损伤/眼睛刺激（对眼睛不可逆影响）。试验情况包括具有 4 级角膜病害的动物和在试验过程中任何时间观察到的其他严重反应（如角膜损伤），以及持久不变的角膜浑浊，角膜被染料物质着色、粘连，角膜翳和虹膜功能障碍或其他削弱视力的影响。3 只试验动物，至少 1 只动物影响到角膜、虹膜或结膜，并预期不可逆或在正常 21d 观察期内没有完全复原；和/或动物在试验物质接触后按 24 h、48 h 和 72 h 分段计算平均得分，3 只试验动物，至少 2 只发生角膜浑浊≥3 和/或虹膜炎大于等于 1.5。

第二，类别 2A 为导致严重眼部刺激。

在试验物接触后按 24 h、48 h、72 h 分段计算平均得分，2 只试验动物中至少 2 只有角膜浑浊≥1，和/或虹膜炎≥1，和/或结膜红度≥2，和/或结膜浮肿（球结膜水肿）N_2，并且在正常 21 d 观察期内完全复原。

③类别 2B 为导致眼部刺激。在试验物接触后按 24 h、48 h、72 h 分段计算平均得分，3 只试验动物中至少 2 只有角膜浑浊≥1，和/或虹膜炎≥1，和/或结膜红度≥2，和/或结膜浮肿（球结膜水肿）N_2，并且在正常 7 d 观察期内完全复原。

（4）呼吸道或皮肤致敏

①定义。呼吸过敏物是吸入后会导致气管过敏反应的物质。皮肤过敏物是皮肤接触后会导致过敏反应的物质。

过敏包括两个阶段：第一个阶段是某人因接触某种变应原而引起特定免疫记忆。第二阶段是引发，即某一致敏个人因接触某种变应原而产生细胞介导或抗体介导的过敏反应。

就呼吸过敏而言，随后为引发阶段的诱发，其形态与皮肤过敏相同。对于皮肤过敏，须有一个让免疫系统能学会做出反应的诱发阶段；此后，可出现临床症状，这里的接触就足以引发可见的皮肤反应（引发阶段）。因此，预测性的试验通常取这种形态，其中有一个诱发阶段，对该阶段的反应则通过标准的引发阶段加以计量，典型做法是使用斑贴试验。直接计量诱发反应的局部淋巴结试验则是例外做法。人体皮肤过敏的证据通常通过诊断性斑贴试验加以评估。

就皮肤过敏和呼吸过敏而言，对于诱发所需的数值一般低于引发所需数值。

②分类

第一，呼吸过敏物分类。

第 1 类呼吸道致敏性物质：

如果有人类的证据表明该物质能致使特定的呼吸过敏和/或如果有来自适宜动物试验的阳性结果。

类别 1A：物质显示在人类中有高发生率；或根据动物或其他试验，可能对人有高过敏率，还应结合反应的严重程度。

类别 1B：物质显示对人类有低度到中度的发生率；或根据动物或其他试验，可能对人有低度到中度过敏率，还应结合反应的严重程度。

注：目前还没有公认和有效的用来进行呼吸道致敏试验的动物模型。在某些情况下，对动物的研究数据，在做证据权重评估中，可提供重要信息。

第二，皮肤过敏物分类。

第 1 类皮肤致敏性物质：

如果有人类的证据表明该物质通过皮肤接触能引起大量人过敏和/或如果有来自适当动物试验的阳性结果。

（5）生殖细胞致突变性

①定义。生殖细胞致突变性主要指可引起人类的生殖细胞突变并能遗传给后代的化学品。然而，物质和混合物进行分类在这一危险种类中时还要考虑活体外致突变性/生殖毒性试验和哺乳动物活体内体细胞中的致突变性/殖生毒性试验。

突变定义为细胞中遗传物质的数量或结构发生永久性改变。

“突变”一词，适用于可能表现在显性的可遗传基因改变和已知的基本 DNA 改性（例如，包括特定的碱基对改变和染色体易位）。“引起突变”和“致变物”两词，适用于在细胞和/或有机体群落内引起突变发生率增加的物质。

“生殖毒性的”和“生殖毒性”这两个较一般性的词汇适用于改变 DNA 的结构、信息量、分离的物质或过程，包括那些通过干扰正常复制过程造成 DNA 损伤或以非生理方式（暂时）改变 DNA 复制的物质或过程。生殖毒性试验结果通常用作致突变效应的指标。

②分类

第一，类别 1A 为可导致遗传缺陷。

已知会引起人类的生殖细胞遗传性突变的化学品。判别标准：来自人类的流行病学研究的阳性证据。

第二，类别 1B 为可导致遗传缺陷。

理应认为可能会引起人类的生殖细胞遗传性突变的化学品。判别标准：来自哺乳动物，体内遗传性生殖细胞突变试验的阳性结果；或来自哺乳动物体内体细胞突变性试验的阳性结果，结合以该物质具有诱发生殖细胞突变的某些证据。这种支持数据，例如，可由体内生殖细胞中突变性/遗传毒性试验推导，或由该物质或其代谢物与生殖细胞的遗传物的相互作用证实；或来自显示人类的生殖细胞突变影响的试验的阳性结果，不遗传给后代，如暴露人群的精液细胞中非整倍性出现频度的增加。

第三，类别 2 为怀疑存在导致遗传缺陷的可能。

由于其可诱发人类的生殖细胞中遗传性突变的可能性而引起担心的化学品。判别标准：来自哺乳动物试验和/或在某些情况来自体外试验得到的阳性结果，可得自哺乳动物体内的体细胞突变性试验；或其他受体外突变性试验的阳性结果支持的体内细胞遗传毒性试验。

（6）致癌性

化学品进行致癌危险分类是根据该物质的内在固有性质，而不是提供使用该化学品可能存在的对人类的致癌危险性。

①定义。致癌性指会诱发癌症或增加癌症发病率的化学物质或化学物质的混合物。在良好的科学动物实验研究中，诱发良性或恶性肿瘤的物质通常被推断或怀疑为人类的致癌物，除非有确切证据说明肿瘤形成的机理与人类无关。

②分类

第一，类别 1A 为可导致癌症。

根据流行病学和/或动物的数据，已知对人类有潜在致癌危险性：化学品分类主要根据人类的证据。

第二，类别 1B 为可导致癌症。

预期对人类有潜在致癌危险性，化学品分类主要根据动物的证据。分类根据证据的确定性和其他参考因素，这样的证据由人类的研究得出，确定人类接触化学品与癌症发病间的因果关系，已知人类的致癌物。或者研究证据由动物试验推断出来，有足够的证据证明动物致癌性（推断的人类的致癌物）。此外，根据逐例科学判断也可以显示在人类中的致癌性的有限证据与在试验动物中致癌性的有限证据一起的研究，确定化学品对人类的致癌性。

第三，类别 2 为怀疑可能导致癌症。

可疑的人类致癌物，根据由人类和/或动物研究得到的证据进行的分类，但该证据不足以信服可将该化学品分在类别 1 中。根据证据的确定性与其他参考因素，这些证据可来源于人类的研究中致癌性的有限证据或来自动物研究中致癌性的有限证据。

（7）生殖毒性

①定义。生殖毒性包括对成年雄性和雌性性功能和生育能力的有害影响，以及在后代中的发育毒性。

化学品干扰生殖能力的任何效应。这可能包括（但不限于）对雌性和雄性生殖系统的改变，对青春期的开始、配子产生和输送、生殖周期正常状态、性行为、生育能力、分娩怀孕结果的有害影响，过早生殖衰老，或者对依赖生殖系统完整性的其他功能的改变。对哺乳期的有害影响或通过哺乳期产生的有害影响也属于生殖毒性的范围，但为了分类目的，对这样的效应进行了单独处理。这是因为对于化学品对哺乳期的有害影响最好进行专门分类，这样就可以为处于哺乳期的母亲提供有关这种效应的具体危险警告。

②分类

第一，类别1：已知或假定的人类生殖毒物。

此类别包括已知对人类性功能和生育能力或发育产生有害影响的物质，或动物研究证据（可能有其他信息做补充）表明其干扰人类生殖的可能性很大的物质。可根据分类证据主要来自人类数据（类别1A）或来自动物数据（类别1B），对物质进行进一步的划分。

类别1A：已知的人类生殖毒物。将物质划为本类别主要根据人类证据。

类别1B：推测可能的人类生殖毒物。将物质划为本类别主要根据试验动物的数据。动物研究数据应提供明确的证据，表明在没有其他毒性效应的情况下，对性功能和生育能力或对发育有有害影响，或如果与其他毒性效应一起发生，对生殖的有害影响被认为不是其他毒性效应的非特异继发性结果。但是，当存在机械论信息怀疑该影响与人类的相关性时，将其分类至类别2也许更合适。

第二，类别2：可疑的人类生殖毒物。

此类别的物质是一些人类或动物试验研究证据（可能有其他信息做补充）表明在没有其他毒性效应的情况下，对性功能和生育能力或发育有有害影响；或如果与其他毒性效应同时发生，但能确定对生殖的有害影响不是其他毒性效应的非特异继发性结果，而且没有充分证据支持分为类别1。例如，试验研究设计中存在欠缺，导致证据的说服力较差。

此时应将其分类于类别2可能更合适。

第三，附加类别：影响哺乳或通过哺乳产生影响。

将影响哺乳或通过哺乳产生影响划分为单独的类别。虽然目前许多物质并没有信息显示它们有可能通过哺乳对子代产生有害影响，但是某些物质被妇女吸收后可出现干扰哺乳作用，或该物质（包括代谢物）可能出现在乳汁中，其含量足以影响母乳喂养婴儿的健康，应将这些物质划为此类别，以表明对母乳喂养婴儿造成的影响。这一分类可根据以下情况确定：

对该物质的吸收、新陈代谢、分布和排泄研究表明，其在母乳中的浓度可能达到产生潜在毒性作用的水平；和/或一代或两代动物研究的结果提供明确的证据表明，由于物质能进入母乳中，或对母乳质量存在有害影响而对子代产生了有害效应；和/或人类证据表明物质对哺乳期婴儿有危害。

（8）特异性靶器官毒性单次接触

①定义。一次接触物质和混合物引起的特异性、非致死性的靶器官毒性作用，包括所有明显的健康效应，可逆的和不可逆的、即时的和迟发的功能损害。

②分类

第一，类别 1 为会损伤器官。

单次暴露对人体造成明显特定靶器官系统毒性的物质，或根据试验动物研究的证据能推定有潜力对人体造成明显特定靶器官系统毒性的物质。将物质分类于类别 1 的根据是：来自人类的病例或流行病研究的可靠和高质量的证据；或来自试验动物研究的观察情况，其中在一般低暴露浓度时产生与人类健康有关的明显和/或严重的特定靶器官系统毒性的影响。

第二，类别 2 为可能损伤器官。

根据试验动物研究的证据，可以推定单次暴露可能对人体的健康造成潜在危害的物质。根据来自试验动物研究的观察将物质分类于类别 2，其中在一般中等暴露浓度时即会产生与人类健康有关的明显的特定靶器官系统毒性的影响。在特别情况，人类的证据也能用于将物质分类于类别 2。

第三，类别 3 为可能引起呼吸道刺激或眩晕。

目标器官效应不符合把物质划入上述类别 1 或类别 2 的标准。这些效应在接触后的短暂时间内有害地改变人类功能，但人类可在一段合理的时间内恢复不留下显著的组织或功能改变。本类别仅包括麻醉效应和呼吸道刺激。

分类可将化学物质划为特定靶器官有毒物，这些化学物质可能对接触者的监控产生潜在有害影响。

分类取决于是否拥有可靠证据，表明在该物质中的单次接触对人类或实验动物产生了一致的、可识别的毒性效应，影响组织/器官的机能或形态的毒理学显著变化，或者使生物体的生物化学或血液学发生严重变化，而且这些变化与人类健康有关。人类数据是这种危险分类的主要证据来源。

评估不仅要考虑单一器官或生物系统中的显著变化，而且还要考虑涉及多个器官的严重性较低的普遍变化。

特异性靶器官毒性可能以与人类有关的任何途径发生，即主要以口服、皮肤接触或吸入途径发生。

（9）特异性靶器官毒性——反复接触

①定义。反复接触物质和混合物引起的特异性、非致死性的靶器官毒性作用，包括所有明显的健康效应，可逆的和不可逆的、即时的和迟发的功能损害。

②分类

第一，类别1为重复暴露或延长暴露会损伤器官。

重复暴露对人体已产生明显特异性靶器官系统毒性的物质，或根据试验动物研究得到的证据能推定对人体有潜在产生明显特定靶器官系统毒性的物质。将物质分类为类别1是根据来自人类的病例或流行病学研究的可靠和高质量证据；或来自试验动物研究的观察情况，其中在一般低暴露浓度时产生与人类健康有关的明显和/或严重的特定靶器官系统毒性的影响。

第二，类别2为重复暴露或延长暴露可能损伤器官。

重复暴露，根据试验动物研究得来的证据能推定对人类有潜在的有害健康的物质。将物质分类于类别2是根据来自试验动物研究的观察情况，其中在一般中等暴露浓度时产生与人类健康有关的明显特定靶器官系统毒性的影响，分类可将化学物质划为特定靶器官有毒物，这些化学物质可能对接触者的健康产生潜在有害影响。

分类取决于是否拥有可靠证据，表明在该物质中的单次接触对人类或试验动物产生了一致的、可识别的毒性效应，影响组织/器官的机能或形态的毒理学显著变化，或者使生物体的生物化学或血液学发生严重变化，而且这些变化与人类健康有关。人类数据是这种危险分类的主要证据来源。

评估不仅要考虑单一器官或生物系统中的显著变化，而且还要考虑涉及多个器官的严重性较低的普遍变化。

特定靶器官/毒性可能以与人类有关的任何途径发生，即主要以口服、皮肤接触或吸入途径发生。

（10）吸入危险

①定义。“吸入”指液态或固态化学品通过口腔或鼻腔直接进入或者因呕吐间接进入气管和下呼吸道系统。

吸入毒性包括化学性肺炎、不同程度的肺损伤或吸入后死亡等严重急性效应。

吸入开始是在吸气的瞬间，在吸一口气所需的时间内，引起效应的物质停留在咽喉部位的上呼吸道和上消化道交界处时。

②分类

第一，类别1为吞咽或进入呼吸道可能致死。

已知引起人类吸入毒性危险的化学品或者被看作引起人类吸入毒性危险的化学品物质划入类别 1 的依据是具有正常人类证据的烃类、松脂油和松木油，或 40℃运动黏度≤20.5 mm^2/s 的烃类。

第二，类别 2 为吞咽或进入呼吸道可能有害。

因假定会引起人类吸入毒性危险而可能引起吸入危害的化学品，可根据现有的动物研究以及表面张力、水溶性、沸点和挥发性等做出判断，40℃时运动黏度≤14mm^2/s，除至少有 3 个但不超过 13 个碳原子的伯醇、异丁醇和有不超过 13 个碳原子的甲酮划入类别 1 以外。

第三，特殊考虑事项：

a. 审阅有关化学品吸入的医学文献后发现有些烃类（石油蒸馏物）和某些烃类氯化物已证明对人类具有吸入危险。伯醇和甲酮只有在动物研究中显示吸入危险。

b. 虽然有一种确定动物吸入危险的方法已在使用，但还没有标准化。动物试验得到的正结果只能用作可能有人类吸入危险的指导。在评估动物吸入危险数据时必须慎重。

第四，分类标准以运动黏度作基准。

第五，气溶胶/烟雾产品的分类。气溶胶/烟雾产品通常分布在密封容器、扳机式和按钮式喷雾器等容群内。这些产品分类的关键是，是否有一团液体在喷嘴内形成，因此可能被吸出。如果从密封容器喷出的烟雾产品是细粒的，那么可能不会有一团液体形成。另外，如果密封容器是以气流形式喷出产品，那么可能有一团液体形成然后可能被吸出。一般来说，扳机式和按钮式喷雾器喷出的烟雾是粗粒的，因此可能有一团液体形成然后可能被吸出。如果按钮装置能被拆除，因此内装物可能被吞咽，那么就应当考虑产品的分类。

3. 环境危害

对水环境的危害由 3 个急性类别和 4 个慢性类别组成。急性和慢性类别有不同的适用。物质的急性类别 1 至类别 3 的分类仅根据急性毒性数据来确定。物质的慢性类别的分类准则是由两类信息相结合，即急性毒性数据和环境灾难数据（可降解性和生物富积数据）来确定。对于某混合物划分为慢性类别，可从它各组分的试验得到降解性和生物富积性。

二、化学品的标志、标签

（一）化学品的标志

《危险化学品安全管理条例》要求，危险化学品生产企业应当提供与其生产的危险化学品相符的化学品安全技术说明书，并在危险化学品包装（包括外包装件）上粘贴或者挂拴与包装内危险化学品相符的化学品安全标签。化学品安全技术说明书和化学品安全标签所载明的内容应当符合国家标准的要求。

常用危险化学品标志由《化学品分类和危险性公示通则》（GB 13690-2009）规定，该标准对常用危险化学品按其主要危险特性进行了分类，并规定了危险品的包装标志，既适用于常用危险化学品的分类及包装标志，也适用于其他化学品的分类和包装标志。

第一，标志的种类。根据常用危化品的危险特性和类别，设主标志 16 种、副标志 11 种。

第二，标志的图形。主标志是由表示危险特性的图案、文字说明、底色和危险品类别号四个部分组成的菱形标志。副标志图形中没有危险品类别号。

第三，标志的尺寸、颜色及印刷。按《危险货物包装标志》（GB 190-2009）的有关规定执行。

第四，标志的使用。

标志的使用原则：当一种危险化学品具有一种以上的危险性时，应用主标志表示主要危险性类别，并用副标志来表示重要的其他的危险性类别。

标志的使用方法：按《危险货物包装标志》的有关规定执行。

注意：GHS 的危险化学品的图形标志与 TDG 危险货物的运输图形标志的图形相似，底色和图形颜色不一样。

（二）化学品的安全标签

化学品安全标签是指危险化学品在市场上流通时应由生产销售单位提供的附在化学品包装上的安全标签，安全标签是用于标示化学品所具有的危险性和安全注意事项的一组文字、象形图和编码组合，它可粘贴、挂拴或喷印在化学品的外包装或容器上，分为化学品安全标签和作业场所化学品安全标签两种。主要包括化学品标志、象形图、信号词、危险性说明、防范说明、应急咨询电话、供应商标志、资料参阅提示语等要素。安全标签主要是针对危险化学品而设计、向作业人员传递安全信息的一种载体，它用简单、明了、易于理解的文字、图形表述有关化学品的危险特性及其安全处置的注意事项，以警示作业人员进行安全操作和使用。

1. 安全标签的主要内容与设计

安全标签的标签要素包括化学品标志、象形图、信号词、危险性说明、防范说明、供应商标志、应急咨询电话、资料参阅提示语、危险信息先后排序等。

安全标签的内容：

(1) 化学品标志

用中文和英文分别标明化学品的化学名称或通用名称。名称要求醒目清晰，位于标签的上方。名称应与化学品安全技术说明书中的名称一致。

对混合物应标出对其危险性分类有贡献的主要组分的化学名称或通用名、浓度或浓度范围。当需要标出的组分较多时，组分个数以不超过五个为宜。对于属于商业机密的成分可以不标明，但应列出其危险性。

(2) 象形图

采用《化学品分类和标签规范》(GB 30000-2013) 规定的象形图。

(3) 信号词

根据化学品的危险程度和类别，用“危险”“警告”两个词分别进行危害程度的警示。信号词位于化学品名称的下方，要求醒目、清晰。根据《化学品分类和标签规范》选择不同类别危险化学品的信号词。

(4) 危险性说明

简要概述化学品的危险特性。居信号词下方。根据《化学品分类和标签规范》选择不同类别危险化学品的危险性说明。

(5) 防范说明

表述化学品在处置、搬运、储存和使用作业中所必须注意的事项和发生意外时简单有效的救护措施等，要求内容简明扼要、重点突出。该部分应包括安全预防措施、意外情况(如泄漏、人员接触或火灾等) 的处理、安全储存措施及废弃处置等内容。

(6) 供应商标志

供应商名称、地址、邮编和电话等。

(7) 应急咨询电话

填写化学品生产商或生产商委托的 24 h 化学事故应急咨询电话。

国外进口化学品安全标签上应至少有一家中国境内的 24 h 化学事故应急咨询电话。

(8) 资料参阅提示语

提示化学品用户应参阅化学品安全技术说明书。

(9) 危险信息先后排序

当某种化学品具有两种及两种以上的危险性时，安全标签的象形图、信号词、危险性说明的先后顺序规定如下：

①象形图先后顺序

物理危险象形图的先后顺序，根据《危险货物品名表》(GB 12268-2012) 中的主次危险性确定，未列入 GB 12268 的化学品，以下危险性类别的危险性总是主危险：爆炸物、易燃气体、易燃气溶胶、氧化性气体、高压气体、自反应物质和混合物、发火物质、有机过氧化物。其他主危险性的确定按照联合国《关于危险货物运输的建议书规章范本》危险性先后顺序确定方法确定。

对于健康危害，按照以下先后顺序：如果使用了骷髅和交叉骨图形符号，则不应出现感叹号图形符号；如果使用了腐蚀图形符号，则不应出现感叹号来表示皮肤或眼睛刺激；如果使用了呼吸致敏物的健康危害图形符号，则不应出现感叹号来表示皮肤致敏物或者皮肤/眼睛刺激。

②信号词先后顺序

存在多种危险性时，如果在安全标签上选用了信号词“危险”，则不应出现信号词“警告”。

③危险性说明先后顺序

所有危险性说明都应当出现在安全标签上，按物理危险、健康危害、环境危害顺序排列。

标签的设计：

第一，简化标签。对于小于或等于 100 mL 的化学品小包装，为方便标签使用，安全标签要素可以简化，包括化学品标志、象形图、信号词、危险性说明、应急咨询电话、供应商名称及联系电话、资料参阅提示语即可。

第二，安全标签设计。参考《化学品安全标签编写规定》（GB 15258-2009）附录 A 的安全标签样例进行设计。

第三，标签内容编写。标签正文应使用简洁、明了、易于理解、规范的汉字表述，也可以同时使用少数民族文字或外文，但意义必须与汉字相对应，字形应小于汉字。相同的含义应用相同的文字或图形表示。

当某种化学品有新的信息发现时，标签应及时修订。

第四，标签颜色。标签内象形图的颜色根据《化学品分类和标签规范》的规定执行，一般使用黑色图形符号加白色背景，方块边框为红色。正文应使用与底色反差明显的颜色，一般采用黑白色。若在国内使用，方块边框可以为黑色。

第五，标签尺寸。对不同容量的容器或包装，标签最低尺寸按《化学品安全标签编写规定》的规定。容器或包装容积≤0.1L 的采用简化标签。

2. 安全标签与相关标签的协调关系

安全标签是从安全管理的角度提出的，但化学品在进入市场时要有工商标签，运输时还要有危险货物运输标志。为使安全标签和工商标签、运输标志之间减少重复，可将安全标签所要求的UN编号和CN编号与运输标志合并；将名称、化学成分及组成、批号、生产厂（公司）名称、地址、邮编、电话等与工商标签的同样内容合二为一，使三种标签有机融合，形成一个整体，降低企业的生产成本。在某些特殊情况下，安全标签可单独印刷。三种标签合并印刷时，安全标签应占整个版面的1/3～2/5。

3. 安全标签的责任

（1）生产企业

必须确保本企业生产的危险化学品在出厂时加贴符合国家标准的安全标签到危险化学品每个容器或每层包装上，使化学品供应和使用的每一阶段，均能在容器或包装上看到化学品的识别标志。

（2）使用单位

使用的化学危险品应有安全标签，并应对包装上的安全标签进行核对。若安全标签脱落或损坏，经检查确认后应立即补贴。

（3）经销单位

经销的危险化学品必须具有安全标签，进口的危险化学品必须具有符合我国标签标准的中文安全标签。

（4）运输单位

对无安全标签的危险品一律不能承运。

4. 安全标签的使用

（1）使用方法

安全标签应粘贴、挂拴、喷印在化学品包装或容器的明显位置。当与运输标志组合使用时，运输标志可以放在安全标签的另一面板，将之与其他信息分开，也可放在包装上靠近安全标签的位置，后一种情况下，若安全标签中的象形图与运输标志重复，安全标签中的象形图应删掉。对组合容器，要求内包装加贴（挂）安全标签，外包装上加贴运输象形图，如果不需要运输标志可以加贴安全标签。

（2）位置

安全标签的粘贴、喷印位置规定如下：

①桶、瓶形包装：位于桶、瓶侧身。

②箱状包装：位于包装端面或侧面明显处。

③袋、捆包装：位于包装明显处。

（3）使用注意事项

①安全标签的粘贴、挂拴、喷印应牢固，保证在运输、贮存期间不脱落，不损坏。

②安全标签应由生产企业在货物出厂前粘贴、挂拴、喷印。若要改换包装，则由改换包装单位重新粘贴、挂拴、喷印标签。

③盛装危险化学品的容器或包装，在经过处理并确认其危险性完全消除之后，方可撕下标签，否则不能撕下相应的标签。

三、化学品的安全技术说明书

化学品安全技术说明书（material safety data sheet，MSDS 或 chemical safety data sheet，CSDS，前者是国际通用说法，后者是我国标准提法）是一份传递化学品危害信息的重要文件。它简要说明了一种化学品对人类健康和环境的危害性并提供安全搬运、储存和使用该化学品的信息。在欧洲国家，材料安全技术/数据说明书 MSDS 也被称为安全技术/数据说明书 SDS（safety data sheet）。国际标准化组织（ISO）采用 SDS 术语，然而美国、加拿大，澳洲以及亚洲许多国家则采用 MSDS 术语。我国在（B16483-2000）中称为 CSDS，2008 年重新修订的标准《化学品安全技术说明书内容和项目顺序》中，与国际标准化组织进行了统一，缩写为 SDS。

关于 SDS 的制定标准有很多，主要有 GHS、ANSI、ISO、OSHA、WHMIS 制定的标准。美国、日本、欧盟等发达国家已普遍建立并实行 MSDS 制度。根据这些国家的化学品管理法规，有害化学品的生产厂家在销售、运输或出口其产品时，通常要同时提供一份其产品的安全数据说明书。

过去 SDS 只是为了供健康与职业安全专业人员或者化工公司的员工培训以及客户使用，但是近年来使用者已经扩大到警察、应急救援人员、应急计划人员、接触化学品人员或者需要了解化学品危害作用的人员。随着读者面的扩大，国外化工公司正在努力使 SDS 上的信息能够被一般公众所理解。

近年来，随着化学品国际贸易的增加，社会公众对化学品安全性和环境问题的日益关注并拥有知情权，各国政府和联合国有关机构正在努力在化学品贸易中普遍实行 MSDS 制度，并使 SDS 上包含的信息内容规范化。

SDS 是化学品生产供应企业向用户提供基本危害信息的工具（包括运输、操作处置、储存和应急行动等）。

（一）化学品安全技术说明书编写内容

化学品安全技术说明书（SDS）包括以下 16 部分内容。

1. 化学品及企业标志

主要标明化学品名称及生产企业名称、地址、邮编、电话、应急电话、传真和电子邮件地址等信息。

2. 危险性概述

简要概述本化学品最重要的危害和效应，包括危害类别、侵入途径、健康危害、环境危害、燃爆危险等信息。

3. 成分/组成信息

标明该化学品是纯化学品还是混合物。纯化学品，应给出其化学品名称或商品名和通用名；混合物，应给出危害性组分的浓度或浓度范围。无论是纯化学品还是混合物，如果其中包含有害性组分，则应给出化学文摘索引登记号（CAS 号）。

4. 急救措施

急救措施指作业人员意外地受到伤害时，所须采取的现场自救或互救的简要处理方法，包括眼睛接触、皮肤接触、吸入、食入的急救措施。

5. 消防措施

主要表示化学品的物理和化学特殊危险性，适合灭火介质、不合适的灭火介质以及消防人员个体防护等方面的信息，包括危险特性、灭火介质和方法、灭火注意事项等。

6. 泄漏应急处理

泄漏应急处理指化学品泄漏后现场可采用的简单有效的应急措施、注意事项和消除方法，包括应急行动、应急人员防护、环保措施、消除方法等内容。

7. 操作处置与储存

主要是指化学品操作处置和安全储存方面的信息资料，包括操作处置作业中的安全注意事项、安全储存条件和注意事项。

8. 接触控制/个体防护

在生产、操作处置、搬运和使用化学品的作业过程中，为保护作业人员免受化学品危害而采取的防护方法和手段，包括最高容许浓度、工程控制、呼吸系统防护、眼睛防护、身体防护、手防护、其他防护要求。

9. 理化特性

主要描述化学品的外观及理化性质等方面的信息，包括外观与性状、pH 值、沸点、熔点、相对密度（水=1）、相对蒸气密度（空气=1）、饱和蒸气压、燃烧热、临界温度、临界压力、辛醇/水分配系数、闪点、引燃温度、爆炸极限、溶解性、主要用途和其他一些特殊理化性质。

10. 稳定性和反应性

主要叙述化学品的稳定性和反应活性方面的信息，包括稳定性、禁配物、应避免接触的条件、聚合危害、分解产物。

11. 毒理学资料

提供化学品的毒理学信息，包括不同接触方式的急性毒性（LD_{50}、LC_{50}）、刺激性、致敏性、亚急性和慢性毒性、致突变性、致畸性、致癌性等。

12. 生态学资料

主要陈述化学品的环境生态效应、行为和转归，包括生物效应（如 LD_{50}、LC_{50}）、生物降解性、生物富集、环境迁移及其他有害的环境影响等。

13. 废弃处置

废弃处置是指对被化学品污染的包装和无使用价值的化学品的安全处理方法，包括废弃处置方法和注意事项。

14. 运输信息

主要是指国内、国际化学品包装、运输的要求及运输规定的分类和编号，包括危险货物编号、包装类别、包装标志、包装方法、UN 编号及运输注意事项等。

15. 法规信息

主要是化学品管理方面的法律条款和标准。

16. 其他信息

主要提供其他对安全有重要意义的信息，包括参考文献、填表时间、填表部门、数据审核单位等。

注：急性毒性是判断一个化学品是否为毒害品的一个重要指标。它是指一定量的毒物一次对动物所产生的毒害作用，用半数致死剂量 LD_{50}、LC_{50}来表示。一般情况下，固体或液体化学品急性毒性用 LD_{50}表示，其含义为能使一组被试验的动物（家兔、白鼠等）死亡 50%的剂量，单位为 mg/kg 体重；气体化学品急性毒性用半数致死浓度 LC_{50}如表示，其含义为试验动物吸入后，经一定时间，能使其半数死亡的空气中该毒物的浓度，单位为 mg/L 或以 ppm 表示。

（二）化学品安全技术说明书编写和使用要求

1. 编写要求

安全技术说明书规定的 16 大项内容在编写时不能随意删除或合并，其顺序不可随意变更。各项目填写的要求、边界和层次，按“填写指南”进行。其中 16 大项为必填项，而每个小项可有 3 种选择，标明［A］项者，为必填项；标明［B］项者，此项若无数据，应写明无数据原因（如无资料、无意义）；标明［C］项者，若无数据，此项可略，安全技术说明书的正文应采用简洁、明了、通俗易懂的规范汉字表述。数字资料要准确可靠，系统全面。

安全技术说明书的内容，从该化学品的制作之日算起，每五年更新一次，若发现新的危害性，在有关信息发布后的半年内，生产企业必须对安全技术说明书的内容进行修订。

2. 种类

安全技术说明书采用“一个品种一卡”的方式编写，同类物、同系物的技术说明书不能互相替代；混合物要填写有害性组分及其含量范围。所填数据应是可靠和有依据的。一种化学品具有一种以上的危害性时，要综合表述其主、次危害性以及急救、防护措施。

3. 使用

安全技术说明书由化学品的生产供应企业编印，在交付商品时提供给用户，作为给用户提供的一种服务随商品在市场上流通。化学品的用户在接收使用化学品时，要认真阅读安全技术说明书，了解和掌握化学品的危险性，并根据使用的情形制定安全操作规程，选用合适的防护器具，培训作业人员。

4. 资料的可靠性

安全技术说明书的数值和资料要准确可靠，选用的参考资料要有权威性，必要时可咨询省级以上职业安全卫生专门机构。

第二章　石油烃裂解、分离及安全技术

第一节　烃类裂解技术

石油化工是石油化学工业的简称，指化学工业中以石油为原料生产化学品的领域，广义上也包括天然气化工。石油化工作为一个新兴工业，是20世纪20年代随石油炼制工业发展而形成。第二次世界大战后，石油化工的高速发展，使大量化学品的生产从传统的以煤及农林产品为原料，转移到以石油及天然气为原料的基础上来。石油化工已成为化学工业中的主要工业，在国民经济中占有极重要的地位。

以石油及天然气生产的化学品品种极多、范围极广。石油化工原料主要为来自石油炼制过程产生的各种石油馏分和炼油厂气，以及油田气、天然气等。石油馏分（主要是轻质油）通过烃类裂解、裂解气分离可制取乙烯、丙烯、丁二烯等烯烃和苯、甲苯、二甲苯等轻质芳烃，芳烃亦可来自石油轻馏分的催化重整。石油轻馏分和天然气经蒸汽转化、重油经部分氧化可制取合成气，进而生产合成氨、合成甲醇等。从烯烃出发，可生产各种醇、酮、醛、酸类及环氧化合物等。随着科学技术的发展，上述烯烃、芳烃经加工可生产包括合成树脂、合成橡胶、合成纤维等高分子产品及一系列制品，如表面活性剂等精细化学品，因此，石油化工的范畴已扩大到高分子化工和精细化工的大部分领域。本章主要介绍石油馏分（主要是轻质油）通过烃类裂解、裂解气分离制取乙烯、丙烯、丁二烯等烯烃和苯、甲苯、二甲苯等轻质芳烃的生产过程，其他内容在相关章节进行介绍。

石油烃热裂解的主要目的是生产乙烯和丙烯，同时可得丁二烯以及苯、甲苯和二甲苯等产品。它们都是重要的基本有机原料，其中乙烯是石油化工中最重要的产品，目前约有75%的石油化工产品由乙烯生产，因而乙烯生产能力的大小反映了一个国家石油化学工业的发展水平。

一、乙烯的生产方法

由于烯烃的化学性质很活泼，因此，乙烯在自然界中独立存在的可能性很小。制取乙烯的方法很多，但以管式炉裂解技术最为成熟，其他技术还有催化裂解、合成气制乙烯等多种方法。

（一）管式炉裂解技术

反应器与加热炉融为一体，称为裂解炉。原料在辐射炉管内流过，管外通过燃料燃烧的高温火焰、产生的烟道气、炉墙辐射加热将热量经辐射管管壁传给管内物料，裂解反应在管内高温下进行，管内无催化剂，也称为石油烃热裂解。同时为降低烃分压，目前大多采用加入稀释蒸汽，故也称为蒸汽裂解技术。

（二）催化裂解技术

催化裂解制取低碳烯烃的研究始于20世纪60年代，到20世纪80年代仅有苏联半工业化生产试验的报道，以及2000年日本工业化报道。

中国石化石油化工科学研究院和洛阳石油化工工程公司炼制研究所从20世纪80年代开始相关的研究，也有了一定的进展。已工业化的技术有深度催化裂解（Deep Catalystic Cracking，简称DCC工艺）、以制取乙烯为主的催化热裂解技术（Catalytic Pyrolysis Process，简称CPP工艺）、重油直接裂解制乙烯工艺（Heavy-oil Contact Cracking Process，简称HCC工艺）。

（三）甲醇制烯烃技术（MTO）

甲醇制烯烃技术（Methanol to Olefins，简称MTO），是以天然气或煤为主要原料，先生产合成气，合成气再转化为甲醇，然后由甲醇生产烯烃的路线，完全不依赖石油。在石油日益短缺的21世纪有望成为生产烯烃的重要工艺路线。

到目前为止，世界乙烯产量的95%都是由管式炉蒸汽热裂解技术生产的，其他工艺路线由于经济性或者存在技术“瓶颈”等问题，都还没有形成与之抗衡的能力，所以本章主要介绍石油烃热裂解生产乙烯的技术。

二、石油烃热裂解的原料

目前我国的乙烯原料以石脑油为主，加氢裂化尾油、轻烃和轻柴油作为主要补充。近10年来，我国乙烯工业的石脑油用量呈上升趋势，现大致稳定在占乙烯原料总量的65%以上；加氢裂化尾油比例稳定在10%左右；轻柴油用量逐步下降，轻烃用量逐年增加。中国的乙烯原料逐步趋向轻质化，与世界乙烯原料的轻质化趋势相一致。

用于管式炉裂解的原料来源很广，主要有两方面：一是来自油田的伴生气和来自气田的天然气，两者都属于天然气范畴；二是来自炼油厂的一次加工油品（如石脑油、煤油、柴油等）、二次加工油品（如加氢焦化汽油、加氢裂化尾油等）以及副产的炼油厂气。另外，还有乙烯装置本身分离出来循环裂解的乙烷等。

（一）天然气

从化学组分来分类，天然气可分为干气和湿气。

1. 干气

含甲烷在90%（质）以上，由于在常温下加压也不能使之液化，故称为干气。此类天然气不适宜做裂解原料。

2. 湿气

含90%（质）以下甲烷，还含有一定量的乙烷、丙烷、丁烷等烷烃。由于乙烷以上的烃在常温下加压可以使之液化，故称为湿气。此类天然气经分离后得到的乙烷以上的烷烃，是优质的裂解原料。

（二）来自炼油厂的裂解原料

来自炼油厂的各种原料所含烃类的组成不同，裂解性能有很大差异。在此对一些常用的裂解原料进行介绍。

1. 炼油厂气

炼油厂气是原油在炼油厂加工过程中所得副产气的总称，主要包括重整气、加氢裂化气、催化裂化气、焦化气等。炼油厂气含有丰富的丙烯和丁烯，可不经裂解由气体分离装置直接回收利用。分离出来的烷烃可作为裂解原料。

2. 石脑油

初馏点至200℃的馏分称为全程石脑油，初馏点至130℃的馏分称为轻石脑油。按加工深度不同分为直馏石脑油和二次加工石脑油。直馏石脑油是原油经常压蒸馏分馏出的馏分，二次加工石脑油是指由炼油厂中焦化装置、加氢裂化装置等二次加工后得到的石脑油。

3. 拔头油

由于重整装置需要的是60℃以上的馏分，因此石脑油进重整前，须将60℃以前的馏分拔掉，通常称这一部分被拔出的初馏点至60℃的馏分为拔头油。拔头油主要是C_3～C_6烃类，是较好的裂解原料。

4. 重整抽余油

重整油经芳烃抽提装置抽提出芳烃后，剩下的馏分称为重整抽余油。其主要成分是 $C_6 \sim C_8$ 烷烃，是较好的裂解原料。

5. 直馏柴油

原油常压蒸馏时所得馏程范围在200~400℃的馏分为直馏柴油。一般称200~350℃的馏分为轻柴油，称250~400℃的馏分为重柴油。由于柴油裂解性能比相应的石脑油差，故不是理想的裂解原料。

6. 加氢裂化尾油

加氢裂化使重质原料脱硫、脱氮，使芳烃饱和、多环烷烃加氢开环，从而增加烷烃含量，使重油轻质化，将减压馏分油及渣油转化为汽油、中间馏分和加氢裂化尾油（一般大于350℃）。加氢裂化尾油是很好的裂解原料。

所以裂解原料的来源主要有两方面：一是天然气加工厂的轻烃，如乙烷、丙烷、丁烷等；二是炼油厂的加工产品，如炼油厂气、石脑油、柴油、重油等，以及炼油厂二次加工油，如加氢焦化汽油、加氢裂化尾油等。

三、衡量原料裂解性能的指标

从裂解原料的来源可看出，裂解原料范围很广。原料性质对裂解结果有着决定性的影响，因此，研究表征原料裂解的特性十分重要。表征原料裂解性能的指标很多，对于已知组成的烃类混合物，可用各组分的特性来表征，对于石油馏分，由于组分复杂，分析困难，则常用烃组成、族组成、馏程、密度、氢含量、平均相对分子质量、特性因素、关联指数（BMCI）、残炭、溴价等指标来衡量其裂解性能。在此介绍其中几个主要指标。

（一）族组成

裂解原料是由各种烃类组成的，按其结构可分为四大族，即烷烃族、烯烃族、环烷烃族和芳烃族。这四大族的族组成以PONA值来表示，其含义如下：

1. 烷烃（P）：正构烷烃最利于裂解生成乙烯、丙烯等低分子烃，相对分子质量愈小则烯烃的收率愈高；异构烷烃的烯烃总收率低于同碳原子数的正构烷烃。随着相对分子质量增大，这种差别就减少。

2. 烯烃（O）：大分子的烯烃能裂解为乙烯和丙烯等低级烯烃，烯烃脱氢生成二烯烃，能进一步反应生成芳烃和焦。

3. 环烷烃（N）：通常情况下，环烷烃生成芳香烃的反应优于生成单烯烃的反应。环烷烃含量高的原料其丁二烯和芳烃收率较高，乙烯收率较低。

4. 芳香烃（A）：无侧链的芳烃基本上不易裂解为烯烃，有侧链的芳烃主要是侧链逐步断裂及脱氢。芳环倾向于脱氢缩合生成稠环芳烃，直至生焦。

测定裂解原料的 PONA 值，就能在一定程度上了解其裂解反应的性能。裂解原料中，烷烃含量特别是正构烷烃含量越高，三烯收率也越高。

（二）氢含量

裂解原料的氢含量是指烃分子中氢的质量百分比含量。原料的氢含量是衡量该原料裂解性能和乙烯潜在含量的重要特性。原料氢含量越高，裂解性能越好。从族组成看，烷烃氢含量最高，环烷烃次之，芳烃最低。从原料相对分子质量看，从乙烷到柴油，相对分子质量越大，氢含量依次降低，乙烯收率也依次降低。

（三）特性因数

特性因数是反映原油及其馏分的烃类组成特性的因数，用符号 K 表示。K 值以烷烃最高，环烷烃次之，芳烃最低。

（四）关联指数 BMCI

石脑油中，环烷烃 N 和芳烃 A 大部分是单环的，而柴油中环烷烃 N 和芳烃 A 有相当部分是双环和多环的，这在 PONA 值中是反映不出来的。而关联指数 BMCI 则可表征这一特点。

由于正己烷的 BMCI = 0，苯的 BMCI = 100，故 BMCI 是一个芳烃性指标，其值愈大，芳烃性愈高。因此也可称为芳烃指数。直链烷烃的 BMCI 值接近 0，较多支链的烷烃值为 10~15。烃类化合物的芳香性愈强，则 BMCI 值愈大。烃类 BMCI 值与裂解性能的关系，BMCI 值愈小，乙烯收率愈高；反之，BMCI 值愈大，乙烯收率愈低。因此 BMCI 值较小的馏分油是较好的裂解原料。

四、裂解原料的选择

原料是影响乙烯生产成本的重要因素，以石脑油和柴油为原料的乙烯装置，原料在总成本中所占比例高达 70%~75%。乙烯作为下游产品的原料，对下游产品生产成本的影响同样显著，例如在聚乙烯生产成本中其所占比重高达 80%左右。因此，乙烯原料的选择和优化是降低乙烯生产成本、提高产品市场竞争力的关键。对能力相同的乙烯装置，好的乙烯原料的设备投资少，操作周期长，物耗能耗低，操作成本也低。所以，必须重视乙烯原料的选择。选择乙烯原料的原则为以下三点：

（一）原料的轻质化

随着裂解原料由轻到重，乙烯产率下降，稀释蒸汽比增大，装置投资增加，生产成本增高。因此，原料轻质化是乙烯生产者的共识。但也必须看到，乙烷做原料时联产品和副产品较少。对于只需要乙烯，不需要丙烯、丁二烯、芳烃的工厂，乙烷是最理想的原料。对于既要乙烯又要其他烯烃和芳烃的工厂，需要根据对其他烯烃和芳烃需求选择适宜的原料。

（二）原料的优质化

同是石脑油或柴油，由于烃类组成不同，裂解性能有很大区别。大庆石脑油、长庆石脑油和阿曼石脑油是较优质的裂解原料，大庆柴油和长庆柴油也可以。而辽河石脑油、胜利石脑油和辽河柴油、胜利柴油都不是理想的裂解原料。一般对石脑油而言，应选择 P（烷烃）>65，O（烯烃）<1，A（芳烃）<5 的石脑油作为裂解原料。对柴油以上的重组分而言，应选择 BMCI<15 的油品作为原料。

加氢裂化尾油也是一种优质的裂解原料。加氢尾油的 BMCI<15，乙烯收率>30%。因此，在有加氢裂化的工厂，应很好地利用尾油作为生产乙烯的原料。

（三）来源稳定，价格低廉

在选择裂解原料时，要从本国的资源出发，考虑地区资源优势，以保证得到价格低廉、来源稳定的原料。

选择以石油馏分还是以液化天然气为原料生产乙烯，各国、各地区根据自己国家的资源和市场情况会各有侧重。美国、加拿大及中东等地因为有丰富廉价的天然气资源，侧重以乙烷、丙烷为原料生产乙烯。西欧和东北亚地区由于天然气资源短缺，基本不用轻烃做裂解原料。中东主要石油生产国 2/3 的乙烯是以乙烷和丙烷做裂解原料。乙烷和丙烷主要是天然气的副产物。而中国乙烯生产以石脑油和轻柴油为裂解原料，它们主要是原油的副产物。而从全球看，天然气价格只相当于原油的 25%～60%。这直接导致了乙烯及衍生品的成本差距。据有关专家测算，中东地区的乙烯、聚乙烯、乙二醇生产成本仅为我国的 20%～30%。

综上所述，乙烯原料的优劣，直接影响乙烯生产的成本和竞争力。从提高竞争力和可持续发展的长远目标考虑，中国企业在建设乙烯工厂时，应先认真研究优化乙烯原料的切实可行方案，更多地使用优质石脑油、加氢裂化尾油和轻烃一类优质原料。对沿海加工进口原油并提供乙烯原料的炼油厂，在选择进口原油的品种时，可考虑进口来源稳定的中东原油，如卡塔尔、沙特、阿联酋、伊朗等国家产的轻质原油，这些产地的原油不但石脑油收率较高，是我国原油石脑油收率的 2～3 倍，而且石脑油中链烷烃含量也较高，是比较理想的乙烯原料。

五、石油烃热裂解的生产原理

在裂解原料中，主要烃类有烷烃、环烷烃和芳烃，二次加工的馏分油中还含有烯烃。尽管原料的来源和种类不同，但其主要成分是一致的，只是各种烃的比例有差异。烃类在高温下裂解，不仅原料发生多种反应，生成物也能继续反应，其中既有平行反应又有连串反应，包括脱氢、断链、异构化、脱氢环化、脱烷基、聚合、缩合、结焦等反应过程。因此，烃类裂解过程的化学变化是十分错综复杂的，生成的产物也多达数十种甚至上百种。

六、石油烃热裂解的安全控制条件

石油烃裂解所得产品收率与裂解原料的性质密切相关。而对相同裂解原料而言，则裂解所得产品收率取决于裂解过程的工艺条件。只有选择合适的工艺条件，并在生产中平稳操作，才能达到理想的裂解产品收率分布，并保证合理的清焦周期。

（一）裂解温度

1. 裂解温度对裂解反应的影响

从热力学分析，裂解是吸热反应，需要在高温下才能进行。温度越高对生成乙烯、丙烯越有利，但对烃类分解成碳和氢的副反应也越有利，即二次反应在热力学上占优势。

从动力学角度分析，升高温度，石油烃裂解生成乙烯的反应速度的提高大于烃分解为碳和氢的反应速度，即提高反应温度，有利于提高一次反应对二次反应的相对速率，有利于乙烯收率的提高，所以一次反应在动力学上占优势。因此，应选择一个最适宜的裂解温度，发挥一次反应在动力学上的优势，而克服二次反应在热力学上的优势，既可提高转化率也可得到较高的乙烯收率。

一般当温度低于 750℃时，生成乙烯的可能性较小，或者说乙烯收率较低；在 750℃以上生成乙烯可能性增大，温度越高，反应的可能性越大，乙烯的收率越高。但当反应温度太高，特别是超过 900℃时，甚至达到 1 100℃时，对结焦和生碳反应极为有利，同时生成的乙烯又会经历乙炔中间阶段而生成碳，这样原料的转化率虽有增加，产品的收率却大大降低。

所以，理论上烃类裂解制乙烯的最适宜温度一般在 750～900℃之间。而实际裂解温度的选择还与裂解原料、产品分布、裂解技术、停留时间等因素有关。

2. 实际裂解温度的选择

不同的裂解原料具有不同最适宜的裂解温度，较轻的裂解原料，裂解温度较高；较重的裂解原料，裂解温度较低。如某厂乙烷裂解炉的裂解温度是850～870℃，石脑油裂解炉的裂解温度是840～865℃，轻柴油裂解炉的裂解温度是830～860℃；若改变反应温度，裂解反应进行的程度就不同，一次产物的分布也会改变，所以可以选择不同的裂解温度，达到调整一次产物分布的目的，如裂解目的产物是乙烯，则裂解温度可适当地提高，如果要多产丙烯，裂解温度可适当降低；提高裂解温度还受炉管合金的最高耐热温度的限制，也正是管材合金和加热炉设计方面的进展，使裂解温度可从最初的750℃提高到900℃以上，目前某些裂解炉管已允许壁温达到1 115～1 150℃，但这不意味着裂解温度可选择1 100℃以上，它还受到停留时间的限制。

3. 横跨温度

横跨温度是指裂解原料经过对流段预热而进入辐射段前的温度，这个温度被选定为裂解原料开始进行裂解反应时的温度，在实际生产操作中，如果横跨温度高于设计值，裂解反应将在对流段内进行，因而会延长停留时间，促使二次反应的进行；低于设计值时，则辐射段将有一部分变成原料预热区，停留时间相对缩短，而使辐射段炉管不能充分发挥作用，达不到预期的裂解深度。横跨温度由裂解原料特性所决定，原料越重一般越容易裂解，如乙烷的标准横跨温度为679. 5℃，石脑油是593℃，轻柴油则为538℃。一般横跨温度允许有±10℃的波动范围。对于已定型的裂解炉可通过调节进入裂解炉之前的物料预热温度、炉出口温度和炉膛烧嘴燃烧分布，尤其是上部烧嘴等手段来调节横跨温度。

4. 辐射段炉管出口温度

物料在辐射段炉管内迅速升温进行裂解反应，以控制辐射段炉管出口温度（COT）的方式控制裂解深度。不同的原料，其裂解的COT是不同的。

裂解炉的COT是通过调节每组炉管的烃进料量来控制的，并由裂解炉总的烃进料量来确定和调节底部燃料用量。假如采用100%底部供热，底部烧气时，燃料气在压力控制下进入炉子的底部烧嘴；底部烧油时，燃料油在流量控制下进入炉子的底部烧嘴。有的裂解炉还设有侧壁烧嘴，炉膛侧壁燃烧器组合优化了炉膛底部至拱顶的辐射热通量分布，确保炉内温度场分布均匀。

（二）停留时间

停留时间是指裂解原料由进入裂解辐射管到离开裂解辐射管所经过的时间。即反应原料在反应管中停留的时间。停留时间一般用τ来表示，单位为s。

如果裂解原料在反应区停留时间太短，大部分原料还来不及反应就离开了反应区，原料的转化率很低，这样就增加了未反应原料的分离、回收的能量消耗；原料在反应区停留时间过长，对促进一次反应是有利的，故转化率较高，但二次反应更有时间充分进行，一次反应生成的乙烯大部分都发生二次反应而消失，乙烯收率反而下降。同时二次反应的进行，生成更多焦和炭，缩短了裂解炉管的运转周期，既浪费了原料，又影响正常的生产进行。

所以选择合适的停留时间，既可使一次反应充分进行，又能有效地抑制并减少二次反应。

停留时间的选择主要取决于裂解温度，当停留时间在适宜的范围内，乙烯的生成量较大，而乙烯的损失较小，即有一个最高的乙烯收率称为峰值收率。

不同的裂解温度，所对应的峰值收率不同，温度越高，乙烯的峰值收率越高，相对应的最适宜的停留时间越短，这是因为二次反应，主要发生在转化率较高的裂解后期，如控制很短的停留时间，一次反应产物还没来得及发生二次反应就迅速离开了反应区，从而提高了乙烯的收率。

停留时间的选择除与裂解温度有关外，也与裂解原料和裂解工艺技术等有关，在一定的反应温度下，每一种裂解原料，都有它最适宜的停留时间，如裂解原料较重，则停留时间应短一些，原料较轻则可选择稍长一些。20 世纪 50 年代由于受裂解技术限制，停留时间为 1.8~2.5s，目前一般为 0.15~0.25s（二程炉管），单程炉管可达 0.1s 以下，即以 ms 计。

（三）裂解反应的压力

1. 压力对平衡转化率的影响

烃类裂解的一次反应是分子数增加的反应，降低压力对反应平衡向正反应方向移动是有利的，但是高温条件下，断链反应的平衡常数很大，几乎接近全部转化，反应是不可逆的，因此，改变压力对断链反应的平衡转化率影响不大。对于脱氢反应，它是一可逆过程，降低压力有利于提高转化率。二次反应中的聚合、脱氢缩合、结焦等二次反应，都是分子数减少的反应，因此降低压力不利于平衡向产物方向移动，可抑制此类反应的发生。所以从热力学分析可知，降低压力对一次反应有利，而对二次反应不利。

2. 压力对反应速度的影响

经类裂解的一次反应，是单分子反应，其反应速度可表示为：$r_{裂}=k_{裂}C$

怪类聚合或缩合反应为多分子反应，其反应速度为：$r_{裂}=k_{裂}Cn$，$r_{裂}=k_{裂}C_AC_B$

压力不能改变速度常数 k 的大小，但能通过改变浓度 C 的大小来改变反应速度 r 的大小。降低压力会使气相的反应分子的浓度减少，也就减少了反应速度。由以上三式可见，浓度的改变虽对三个反应速度都有影响，但降低的程度不一样，浓度的降低使双分子和多分子反应速度的降低比单分子反应速度要大得多。

所以从动力学分析得出：降低压力可增大一次反应对于二次反应的相对速度。

故无论从热力学还是动力学分析，降低裂解压力对增产乙烯的一次反应有利，可抑制二次反应，从而减轻结焦的程度。

3. 稀释剂的降压作用

如果在生产中直接采用减压操作，因为裂解是在高温下进行的，当某些管件连接不严密时，有可能漏入空气，不仅会使裂解原料和产物部分氧化而造成损失，更严重的是空气与裂解气能形成爆炸性混合物而导致爆炸。另外如果在此处采用减压操作，而对后继分离部分的裂解气压缩操作就会增加负荷，即增加了能耗。工业上常用的办法是在裂解原料气中添加稀释剂以降低烃分压，而不是降低系统总压。

稀释剂可以是惰性气体（例如氮）或水蒸气。工业上都是用水蒸气作为稀释剂，其优点是：

第一，易于从裂解气中分离。水蒸气在急冷时可以冷凝，很容易就实现了稀释剂与裂解气的分离。

第二，可以抑制原料中的硫对合金钢管的腐蚀。

第三，可脱除炉管的部分结焦。水蒸气在高温下能与裂解管中沉淀的焦炭发生如下反应：

$C + H_2O \rightarrow H_2 + CO$

使固体焦炭生成气体随裂解气离开，延长了炉管运转周期。

第四，减轻了炉管中铁和镍对烃类气体分解生碳的催化作用。水蒸气对金属表面起一定的氧化作用，使金属表面的铁、镍形成氧化物薄膜，可抑制这些金属对烃类气体分解生碳反应的催化作用。

第五，稳定炉管裂解温度。水蒸气的比热容大，水蒸气升温时耗热较多，稀释水蒸气的加入，可以起到稳定炉管裂解温度，防止过热，保护炉管的作用。

第六，降低烃分压的作用明显。稀释蒸汽可降低炉管内的烃分压，水的摩尔质量小，同样质量的水蒸气其分压较大，在总压相同时，烃分压可降低较多。

加入水蒸气的量，不是越多越好，增加稀释水蒸气量，将增大裂解炉的热负荷，增加燃料的消耗量，增加水蒸气的冷凝量，从而增加能量消耗，同时会降低裂解炉和后部系统设备的生产能力。水蒸气的加入量因裂解原料而异，一般来说，轻质原料裂解时，所需稀释蒸汽量可以降低，随着裂解原料变重，为减少结焦，所需稀释水蒸气量将增大。

综合本节讨论，石油烃热裂解的操作条件宜采用高温、短停留时间、低烃分压，如某裂解装置原料为石脑油时，采用的操作条件为：温度 845～850℃、稀释比 0.5、停留时间 0.213s。同时产生的裂解气要迅速离开反应区，因为裂解炉出口的高温裂解气在出口高温条件下将继续进行裂解反应，使二次反应增加，乙烯损失随之增加，故须将裂解炉出口的高温裂解气加以急冷，当温度降到 650℃以下时，裂解反应基本终止。

七、石油烃热裂解的工艺安全与控制

（一）裂解工艺流程

以原料是轻柴油的裂解为例，裂解工艺流程包括原料供给和预热系统、裂解和高压水蒸气系统、急冷油和燃料油系统、急冷水和稀释水蒸气系统。

1. 原料油供给和预热系统

原料油从贮罐经换热器与过热的急冷水和急冷油热交换后进入裂解炉的预热段。原料油供给必须保持连续、稳定，否则直接影响裂解操作的稳定性，甚至有损毁炉管的危险。因此，原科油泵须有备用泵及自动切换装置。

2. 裂解和高压蒸汽系统

预热过的原料油进入对流段初步预热后与稀释蒸汽混合，再进入裂解炉的第二预热段预热到一定温度，然后进入裂解炉辐射段进行裂解。炉管出口的高温裂解气迅速进入急冷换热器中，使裂解反应很快终止。

急冷换热器的给水先在对流段预热并局部汽化后送入高压汽包，靠自然对流流入急冷换热器中，产生 11 MPa 的高压水蒸气，水和蒸汽的混合物通过废热锅炉的上升管再返回高压蒸汽汽包内，并在汽包中进行气液相的分离。从汽包送出的高压水蒸气进入裂解炉预热段过热，过热至 470℃后供压缩机的蒸汽透平使用。裂解炉正常运转时，高压蒸汽的压力应在 10.0～10.5MPa，不能过低，因为如果蒸汽压力过低，废热锅炉水侧的饱和温度相应降低，金属管壁的温度亦低，裂解气中的重组分会在废热锅炉中冷凝，使废热锅炉快速结焦。

为了保证炉水水质，防止有害物质的积累，汽包设有连续排污和间断排污，连续排污经角阀控制排到高压蒸汽连续排污罐中，排污水在连续排污罐中减压闪蒸产生中压蒸汽，并入中压蒸汽管网。

3. 急冷油和燃料油系统

从急冷换热器出来的裂解气再去油急冷器中用急冷油直接喷淋冷却，然后与急冷油一起进入油洗塔，塔顶出来的气体为氢、气态烃和裂解汽油以及稀释水蒸气和酸性气体。

裂解轻柴油从油洗塔的侧线采出，经汽提塔汽提其中的轻组分后，作为裂解轻柴油产品。裂解轻柴油含有大量的烷基萘，是制萘的好原料，常称为制萘馏分。塔釜采出重质燃料油。自油洗塔釜采出的重质燃料油，一部分经汽提塔汽提出其中的轻组分后，作为重质燃料油产品送出，大部分则作为循环急冷油使用。循环急冷油分两股进行冷却，一股用来预热原料轻柴油之后，返回油洗塔作为塔的中段回流；另一股用来发生低压稀释蒸汽，急冷油本身被冷却后循环送至急冷器作为急冷介质，对裂解气进行冷却。

急冷油系统常会出现结焦堵塞而危及装置的稳定运转，结焦产生原因有二：一是急冷油与裂解气接触后超过 300℃时不稳定，会逐步缩聚成易于结焦的聚合物；二是不可避免地由裂解管、急冷换热器带来的焦粒。因此，在急冷油系统内设置 6mm 滤网的过滤器，并在急冷器油喷嘴前设较大孔径的滤网和燃料油过滤器。

4. 急冷水和稀释水蒸气系统

裂解气在油洗塔中脱除重质燃料油和裂解轻柴油后，由塔顶采出进入水洗塔，此塔的塔顶和中段用急冷水喷淋，使裂解气冷却，其中一部分的稀释水蒸气和裂解汽油就冷凝下来。冷凝下来的油水混合物由塔釜引至油水分离器，分离出的水一部分供工艺加热用，冷却后的水再经急冷水换热器和冷却后，分别作为水洗塔的塔顶和中段回流，此部分的水称为急冷循环水；另一部分相当于稀释水蒸气的水量，由工艺水泵经过滤器送入汽提塔，将工艺水中的轻烃汽提回水洗塔，保证塔釜中含油少于 100μg/g。此工艺水由稀释水蒸气发生器给水泵送入稀释水蒸气发生器汽包，再分别由中压水蒸气加热器和急冷油换热器加热汽化产生稀释水蒸气，经气液分离器分离后再送入裂解炉。这种稀释水蒸气循环使用系统，节约了新鲜的锅炉给水，也减少了污水的排放量。

油水分离槽分离出的汽油，一部分由泵送至油洗塔作为塔顶回流而循环使用；另一部分从裂解中分离出的裂解汽油作为产品送出。经脱除绝大部分水蒸气和裂解汽油的裂解气，温度约为 40℃送至裂解气压缩系统。

综上所述，石油烃裂解过程中有三个相态的“产物”：一是气相产物裂解气，其中含有目的产物乙烯和丙烯，但还需要将裂解气进行分离，才能得到聚合级的乙烯和丙烯；二是液相产物，主要有裂解汽油、裂解轻柴油和重质燃料油，其中裂解汽油可用来生产芳烃，裂解轻柴油除制萘外，可返回反应器循环使用，重质燃料油一部分做急冷油，也可做燃料使用；三是固相产物即焦和炭，这是不希望发生的副反应产生的。

（二）裂解气急冷

从裂解炉出来的裂解气富含烯烃的气体和大量的水蒸气，温度 727~927℃，烯烃反应性很强，若任它们在高温下长时间停留，仍会发生二次反应，引起结焦、烯烃收率下降及生成经济价值不高的副产物，因此需要将裂解炉出口高温裂解气尽快冷却，以终止其裂解反应。当裂解气温度降至650℃以下时裂解反应基本终止。

1. **急冷的方式**

①间接急冷。裂解炉出来的高温裂解气温度在800~900℃，在急冷的降温过程中要释放出大量热，是一个可加利用的热源，为此可用换热器进行间接急冷，回收这部分热量发生蒸汽，以提高裂解炉的热效率，降低产品成本。用于此目的的换热器称为急冷换热器。急冷换热器与汽包所构成的发生蒸汽的系统称为急冷锅炉。也有将急冷换热器称为急冷锅炉或废热锅炉的，使用急冷锅炉有两个主要目的：一是终止裂解反应；二是回收废热，产生高压水蒸气做动力能源以驱动裂解气、乙烯、丙烯的压缩机、汽轮机发电及高压水泵等机械。

②直接急冷。直接急冷的方法是在高温裂解气中直接喷入冷却介质，冷却介质被高温裂解气加热而部分汽化，由此吸收裂解气的热量，使高温裂解气迅速冷却。根据冷却介质的不同，直接急冷可分为水直接急冷和油直接急冷。

③急冷方式的比较。直接急冷设备费少，操作简单，系统阻力小。由于是冷却介质直接与裂解气接触，传热效果较好。但形成大量含油污水，油水分离困难，且难以利用回收的热量。而间接急冷对能量利用较合理，可回收裂解气被急冷时所释放的热量，经济性较好，且无污水产生。生产中一般都先采用间接急冷，即裂解产物先进急冷换热器，取走热量，然后采用直接急冷，即油洗和水洗来降温。

裂解原料不同，急冷方式有所不同，如裂解原料为气体，则适合的急冷方式为“水急冷”；而裂解原料为液体时，适合的急冷方式为“先油后水”。

2. **急冷设备**

裂解装置中的五大关键设备是裂解炉、急冷换热器、三机（裂解气压缩机、乙烯压缩机、丙烯压缩机）、冷箱和乙烯球罐。急冷换热器是裂解装置中五大关键设备之一，是间接急冷的关键设备。一般急冷换热器管内走高温裂解气，裂解气的压力约低于0.1MPa，温度高达800~900℃，进入急冷换热器后要在极短的时间（一般在0.1s以下）下降到350~600℃，传热强度约达418.7MJ/（m^2·h）。管外走高压热水，压力为11~12MPa，在此产生高压水蒸气，出口温度为320~326℃。因此，急冷换热器具有热强度高，操作条件极为苛刻，管内外必须同时承受较高的温度差和压力差的特点。同时在运行过程中还有结焦问题，所以生产中使用的不同类型的急冷锅炉都是考虑这些特点来研究和开发的，而与普通的换热器不同，具有以下特性：一是在工艺方面要尽量减少重质烃冷凝和焦化，以免堵塞换热管路；具有较长（不少于45d）的操作周期；尽可能多地回收高品位热能。二是在结构方面，要能适应因高温差而形成的巨大应力并易于进行清焦。为解决这些问题，采用了高压水换热，产生8.5~14MPa的高压水蒸气，使热交换管具有较高的壁温，以降低传热温差，并针对不同的原料设计适应的管径和长度以保持高流率（停留时间约为0.015s）和较合适的出口温度，以减缓管壁重质烃冷凝和结焦现象。

裂解气急冷锅炉有两种设计方案：一是用加强支承结构强度的方法，来承受因限制高温裂解气的热管沿轴向膨胀而产生的应力；二是应用可适度变形的椭圆形结构的集流管来吸收高温裂解气的热管因高温膨胀产生的应力。第二种方案是大型乙烯生产装置所广泛采用的，典型代表为施米特型双套管式结构的急冷锅炉。这种结构与一般管壳式换热器不同，它用双套管代替单管。高温裂解气走内管，管径2.5~5.0cm，管长为3~6m；高压水和水蒸气走中心管与外套管内环隙间。套管端用椭圆形截面的集流管与中心管相连，组成管排结构代替一般管板。

（三）结焦与清焦

1. 裂解炉和急冷锅炉的结焦

一般来说，裂解炉的辐射段、急冷锅炉是比较容易结焦的区域，在对流段，气体原料和轻质馏分油裂解时一般不会出现结焦，但随着裂解原料的重质化和二次加工油的加入，对流段的结焦问题也必须予以关注。

一般认为，对流段结焦一是由于重质原料（如减压柴油、加氢尾油）在对流段预热时在接近高温管壁区域没有完全气化，进料中就形成了高结焦趋势的中间体，进而形成结焦；二是由于重质原料本身就含有较多的不稳定芳烃化合物，在对流段加热时会逐渐缩合成大分子化合物粘在管壁上，逐渐脱氢成为焦。

为减缓对流段的结焦，通常采用二次注汽技术，使最终气化温度一般比原料露点温度高25℃。进料未气化前，要避免管内产生雾状流；进料未完全气化前，管壁温度要低于物料开始裂解的温度，即横跨温度。

①影响辐射段炉管结焦的因素包括如下五点：

第一，原料性质。烃类裂解过程中的结焦母体为原料中的芳烃化合物以及二次反应的生成物。轻质原料裂解时的结焦母体主要是二次反应的生成物，而重质原料裂解时除二次反应的生成物外，原料中的芳烃化合物更是主要结焦母体。柴油裂解时原料中带支链的芳烃是活性很高的结焦母体，其结焦反应的活性高于低裂解深度时所得产品的结焦活性。因此，在馏分油裂解时结焦速度将随原料中的芳烃含量增加而急剧增大。

第二，裂解深度。轻烃裂解时，裂解产品中烯烃和炔烃等的结焦活性远大于原料烷烃的结焦活性，其结焦活性主要取决于裂解产物中的二次反应。故轻烃的结焦速度随裂解深度的提高而增加。

第三，温度。在裂解深度一定的情况下，结焦速度将随温度的升高而增加。在裂解深度和烃分压一定时，结焦母体的浓度取决于裂解原料的性质。

第四，烃分压。烃分压不仅影响裂解选择性，也将影响裂解过程的结焦速度。裂解选择性随烃分压的降低而提高，结焦速度随烃分压的降低而减小。故降低烃分压不仅有利于提高选择性，也有利于降低结焦速度。

第五，停留时间。从裂解反应的动力学分析，缩短停留时间可以减少二次反应的发生，有利于降低结焦反应速度，但在缩短停留时间的同时需要相应增大流速或减小管径。通常在高温裂解时结焦过程由传质过程控制，此时缩短停留时间既有减少结焦母体浓度而降低结焦速度的正面影响，也可能因提高流速或减小管径而有增加结焦速度的负面影响。

②高温裂解气在废热锅炉内的结焦过程可分为三种机理：高温气相结焦、冷凝物结焦、反应结焦。

第一，高温气相结。高温裂解气在废热锅炉中由于高温作用继续发生二次反应，反应析出的游离碳附着在管壁表面而积存为焦垢，这就是通常所说的高温气相结焦，结焦量与温度、停留时间有关，停留时间缩短有利于减少结焦。

轻质油裂解时，高温气相结焦是废热锅炉结焦的主要因素。同时由于高温气相结焦与温度和裂解温度有关，结焦在入口端更为明显，一方面是由于入口端温度高，另一方面是由于入口端存在涡流而导致裂解气停留时间增加。

第二，冷凝物结。在废热锅炉中，管内为高温裂解气，管间为高温沸腾水，由于管外沸腾传热系数比管内对流传热系数高 10 倍以上，故锅炉管壁温度接近高压沸腾水的温度。这样裂解气中沸点高于废热锅炉管壁温度的重质馏分可能在管壁上冷凝，而冷凝物由于较长时间与高温裂解气接触而发生脱氢、缩聚等反应，结果形成了管壁上的焦垢，这种结焦机理称之为冷凝物结焦。

重质裂解原料裂解时，由于裂解气中的高沸点组分含量高，废热锅炉内的结焦主要由冷凝结焦控制。

第三，反应结焦：在乙烯裂解装置中，裂解炉和急冷锅炉内的结焦是影响乙烯装置长周期运行的大问题。产生结焦的原因是：其一，原料竖在裂解反应中的高温二次反应形成的脱氢成碳反应；其二，高温裂解气进入急冷锅炉内，高沸点组分在低温管壁上冷凝后长时间与高温裂解气接触而发生脱氢、缩合等反应形成含氢量极低的焦垢。

结焦会引起两个方面的后果，对生产装置具有严重的危害性。一是结焦会使裂解炉管的传热性能下降，为了维持管内物料的正常温度，必然要提高炉管外壁的温度，这样很容易达到炉管金属材料所承受的高温极限而损伤炉管。另一方面，炉管内结焦会使管径变小，在处理量不变时，物料在炉内的停留时间将减少，炉管内的压力降也会增大，这种裂解工艺条件的变化可使裂解的选择性变坏，致使目的产物乙烯的收率显著下降。

从冷凝结焦机理可以看出，废热锅炉终期出口温度与裂解气露点温度相适应，只有当废热锅炉出口温度高于裂解气露点温度时，其出口温度才趋于平稳，这就是说，裂解气露点温度大体上确定了废热锅炉终期的出口温度。

2. *裂解炉和急冷锅炉的清焦*

当出现下列任一情况时，应进行清焦：

①裂解炉管管壁温度超过设计规定值

裂解过程中炉管内形成焦层的导热系数比金属要低得多，两者分别为：合金管 125~167kJ/（m·h·℃），焦层 16.7~21kJ/（m·h·℃），因此，热阻值随焦层厚度增加的幅度相当可观。这样随焦层厚度的增加，在相同热强度下的管壁表面温度相应升高，当升高到材质最高允许温度时，就要停炉烧焦。

②裂解炉辐射段入口处压力增加值超过设计值

随着焦层厚度的增加，实际管径随之缩小，炉管阻力降相应增大，当增大到一定程度时，管内的裂解过程就会因烃分压升高而明显恶化，此时就需要停炉清焦。所以，炉管阻力降或炉入口压力增加值是限制管式裂解炉清焦周期的又一重要因素。工业上管式裂解炉中一般限定管入口压力增加值不超过 70kPa。

③废热锅炉出口温度超过设计允许值，或废热锅炉进出口压差超过设计允许值

裂解气在废热锅炉中生成的焦垢，一方面由于热阻的增加而使废热锅炉裂解气出口温度增加，另一方面由于焦垢生成而使管内径减小导致废热锅炉阻力降增加。当出口温度或阻力降增长至一定程度后就需要停炉清焦。在实际生产中，通常是在废热锅炉阻力降超过 30kPa 或裂解炉入口压力增加至 70kPa 时进行停炉清焦。

停炉清焦需 3~4d 时间，这样会减少全年的运转日数，设备生产能力不能充分发挥。不停炉清焦（也称在线清焦）是一个改进，就是不将裂解炉完全停车和拆开，与传统的烧焦方式相比，在线烧焦具有明显的优势：一是裂解炉没有升降温过程，可以延长炉管的使用寿命，并可节省裂解炉升降温过程中燃料与稀释蒸汽的消耗；二是由于在线烧焦，裂解炉离线时间短，可以提高开工率，并可增加乙烯与超高压蒸汽的产量。

八、主要设备——裂解炉

烃类裂解的主要反应设备是裂解炉，也是裂解装置中的五大关键设备之一。它既是乙

烯装置的核心，又是挖掘节能潜力的关键设备。

（一）管式炉的基本结构

为了提高乙烯收率并降低原料和能量消耗，多年来管式炉技术取得了较大进展，并不断开发出各种新炉型。尽管管式炉有不同形式，但从结构上看，总是包括对流段（或称对流室）和辐射段（或称辐射室）组成的炉体、炉体内适当布置的由耐高温合金钢制成的炉管、燃料燃烧器三个主要部分。

1. 炉体

由两部分组成，即对流段和辐射段。对流段内设有数组水平放置的换热管用来预热原料、工艺稀释水蒸气、急冷锅炉进水和过热的高压蒸汽等；辐射段由耐火砖（里层）和隔热砖（外层）砌成，在辐射段炉墙或底部的一定部位安装有一定数量的燃烧器，所以辐射段又称为燃烧室或炉膛，裂解炉管垂直放置在辐射室中央。为放置炉管，还有一些附件如管架、吊钩等。

2. 炉管

炉管前一部分安置在对流段的称为对流管，对流管内物料被管外的高温烟道气以对流方式进行加热并气化，达到裂解反应温度后进入辐射管，故对流管又称为预热管。炉管后一部分安置在辐射段的称为辐射管，通过燃料燃烧的高温火焰、产生的烟道气、炉墙辐射加热将热量经辐射管管壁传给物料，裂解反应在该管内进行，故辐射管又称为反应管。

在管式炉运行时，裂解原料的流向是先进入对流管，再进入辐射管，反应后的裂解产物离开裂解炉经急冷段给以急冷。燃料在燃烧器燃烧后，则先在辐射段生成高温烟道气并向辐射管提供大部分反应所需热量。然后，烟道气再进入对流段，把余热提供给刚进入对流管内的物料，然后经烟道从烟囱排放。烟道气和物料是逆向流动的，这样热量利用更为合理。

3. 燃烧器

燃烧器又称为烧嘴，它是管式炉的重要部件之一。管式炉所需的热量是通过燃料在燃烧器中燃烧得到的。性能优良的烧嘴不仅对炉子的热效率、炉管热强度和加热均匀性起着十分重要的作用，而且使炉体外形尺寸缩小，结构紧凑，燃料消耗低，烟气中 NO 等有害气体含量低。烧嘴因其所安装的位置不同分为底部烧嘴和侧壁烧嘴。管式裂解炉的烧嘴设置方式可分为三种：一是全部由底部烧嘴供热；二是全部由侧壁烧嘴供热；三是由底部和侧壁烧嘴联合供热。世界各大公司为了降低建设和维护费用，减少燃烧器数目，以便与空气预热器或燃气轮机联用和大型裂解炉相配套，都在大力开发长火焰超大能力底部燃烧器。侧壁燃烧器则由多排逐渐变为一排，甚至采用100%底部供热。按所用燃料不同，又分为气体燃烧器、液体（油）燃烧器和气油联合燃烧器。

（二）裂解气急冷与急冷换热器

1. 裂解气急冷

从裂解管出来的裂解气含烯烃的气体和大量水蒸气，温度在727～927℃，烯烃反应性很强，若在高温下长时间停留，会继续发生二次反应，产生高聚物或结焦，生成副产物，所以必须使裂解气急冷以终止反应。

急冷的方法有两种：一种是直接急冷，另一种是间接急冷。直接急冷的急冷剂用油或水，急冷下来的油水密度相差不大，分离困难，污水量大，不能回收高品位的热能。近代的裂解装置都是采用先间接急冷，后直接急冷，最后洗涤的办法。

采用间接急冷，回收热能，产生高压水蒸气以驱动裂解气压缩机、乙烯压缩机、丙烯压缩机、汽轮机发电及高压水泵等机械，同时终止二次反应。其关键设备是急冷换热器。急冷换热器与汽包所构成的水蒸气发生系统称为急冷废热锅炉。急冷系统由于温差大，相变安全和材料安全成为主要问题。

急冷换热器常遇到的问题是结焦，结焦后，使急冷换热器的出口温度升高，系统压力增大，影响炉子的正常运转。用重质原料裂解时，常常是急冷换热器结焦先于炉管，急冷换热器清焦周期的长短直接影响到裂解炉的操作周期。为了减小裂解气在急冷换热器内的结焦倾向，停留时间一般控制在0.04s以下，裂解气出口温度要求高于裂解气的露点（此处为油露点）。若低于露点温度，则裂解气中的较重组分有一部分会冷凝，凝结的油雾会黏附在急冷换热器管壁上形成流动缓慢的油膜，既影响传热，又易发生二次反应而结焦。在一般裂解条件下，裂解原料含氢量愈低，裂解气的露点愈高，因而急冷换热器出口温度也必须控制较高。

间接急冷虽然比直接急冷能回收高品位能量和减少污水对环境的污染，但急冷换热器技术要求较高，裂解气的压力损失也较大。

间接急冷虽然比直接急冷能回收高品位能量和减少污水对环境的污染，但急冷换热器技术要求较高，裂解气的压力损失也较大。

2. 急冷换热器

采用间接急冷，关键设备是急冷换热器，它是裂解装置中五大关键设备之一（五大关键设备：裂解炉、急冷换热器、三机、冷箱和乙烯球罐）。急冷换热器的结构必须满足裂解气急冷的特殊条件，急冷换热器管内通过高温裂解气，入口温度约827℃，压力约

110kPa（表），要求在极短时间内（一般在 0.1s 以下，如气体原料裂解为 0.03～0.07s，馏分油裂解为 0.02～0.05s）将温度降至 350～600℃（因裂解原料而异，重质原料下降温度小些），传热的热强度高达 400×10^3kJ/（$m^2\cdot h$），管外走高压热水，温度 320～330℃，压力 8～13MPa。

急冷换热器与一般换热器的不同在于高热强度，管内外必须承受很大的温度差和压力差，同时又要考虑急冷管内的结焦与清焦，操作条件极为苛刻。

①双套管式急冷换热器。施米特型双套管式急冷换热器，即 SHG 型。这种换热器的结构与一般管壳式换热器的不同之处在于用双套管列管式代替单管列管式，双套管管束焊接在椭圆形截面的直排集流管上，集流管及联结集流管的沟槽焊成管排结构，代替一般的平面管板。高温裂解气由下而上走中心管内，高压水和水蒸气也由下而上走中心管与外套管间的环隙，套管端用椭圆形的集流管与中心管相连。由于热交换在许多根小的取套管中进行，使环隙间压力高达 12MPa 以上并使管内外的温差高，管壁不厚的椭圆形结构能够吸收内外管的伸长变形，避免使用高压操作下较厚的钢质外壳。

②USX 急冷换热器。斯通－韦勃斯特公司的两级急冷技术中，USX 是第一级急冷，TLX 是第二级急冷。采用两级急冷的目的是可以较早地降温，以迅速停止二次反应；而采用单级急冷器时，裂解气降至相同的温度水平的停留时间比两级急冷降温技术停留时间长，结焦的可能性也就增加。

（三）裂解炉安全技术与控制技术

1. 裂解炉失效原因分析

裂解炉是乙烯装置生产的核心设备。它对全装置的产品质量、产量、能耗、运转周期、投资规模、安全等方面，起着十分关键的作用。裂解炉的技术特性主要取决于其辐射盘管的结构。主要从管径、管组数以及管子长短诸方面进行综合考虑，以满足裂解反应的需要。

随着乙烯裂解工艺技术的发展，乙烯裂解炉发展的趋势是：提高裂解温度，缩短停留时间，以提高烯烃收率。这就要求提高炉管的传热强度和炉管的出口温度。

裂解炉失效有以下一些特点：

①由于乙烯裂解炉管的工作温度高，其材料一般以 HP 型离心铸造管为主。在一些采用细长的炉管的设计中，为提高炉管的变形及应变能力，在冷态下仍有好的塑性，有的炉子采用了 Incolloy800H 一类的低碳高温轧制管。当采用 HP 型离心铸管时，经使用一段时间（比如一年）后，材料有变脆的情况。

②炉子运行天数不等的一段时间后必须停炉清焦。用烃类裂解来生产烯烃、二烯烃、副产芳香烃，在裂解过程中遇到的一个很突出的问题是会伴随进行生焦反应。生成的焦会在炉管内壁上沉积。内壁出现焦层后会带来三方面的不利因素：一是焦的传热系数低，焦层越厚，传热越差，炉管壁温将升高；二是内壁生焦后，内壁表面的碳气氛增强，氧化气氛被隔断，加之管壁温度升高，其结果是加速炉管的渗碳；三是焦层会缩小管内流通面积，增加管束的阻力。为了克服焦层造成的传热及管内介质流动的阻力，必须不断地提高管壁温度和炉管入口处的压力。当炉管壁温度或入口处压力达到一定的极限值时，就必须停炉清焦或烧焦。频繁清焦或烧焦不仅影响生产，增加能耗，还会以热疲劳的形式影响炉管的使用寿命。

影响生焦的因素较多，主要与原料组分的轻重有关。其次，炉管的 Ni 含量也是一个因素，HK-40Ni 含量为 20%，HP-40Ni 含量为 35%。Ni 本身就是生焦反应的催化剂。炉管内表面的粗糙度与焦层的形成也有关。内表面越光滑，焦层越不易沉积。近年来国外也从工艺上采取措施设法抑制结焦：采用 K_2CO_3 做催化剂对焦的气化反应起催化作用，用有机碱金属盐、无机碱金属及有机磷来抑制生焦，千方百计优化裂解原料等。

③在使用中炉管会发生不同程度的渗碳。渗碳是乙烯裂解炉管最主要的材料组织损坏形式。它与炼油装置的延迟焦化、热裂化炉管产生的渗碳不同。在 1 000t 的裂解原料气氛下，HP、HK 这类材料必然会产生渗碳，只是时间长短，程度不同而已。但是对炼油装置中的延迟焦化、热裂化的加热炉管，如果从原料成分、操作温度、选材等方面严格按规定做，渗碳是可以避免的。

渗碳是沿管壁厚度方向沿材料晶粒边界扩散形成粗大碳化物网络。渗碳首先发生在高温管段，即出口端等一段或某几根炉管。渗碳后的材料，其相对密度、膨胀系数都会发生变化。在 600℃以下，渗碳后的材料明显变脆。根据国内外实际的使用经验，炉管在渗碳层厚度不大于壁厚的 50%~60%时，仍能使用。但是，在 650℃以下，由于材料很脆，又有很大的内应力，在其内壁易产生裂纹，所以在升温及降温阶段，尤其是停炉检修时，应尽量减少炉管承受各种载荷。

目前能减缓炉管渗碳的主要方法是：对炉管内壁进行机械加工，车去内壁疏松层；在炉管材料中增加抗渗碳元素 Si 的含量；操作上及时清焦，尽可能降低炉管的壁温等。

乙烯裂解炉的工作压力较低，一般在 0.2~0.4MPa 之间。按其内压设计，壁厚仅为实际壁厚的一半左右。考虑留较大的裕量，除了结构上的考虑外，渗碳也是考虑因素之一。炉子在开停工及清焦过程中，炉管的温度要有大幅度的变化。这种变化对已发生渗碳的炉管，损伤很大。由于渗碳后的材料膨胀系数发生变化，脆性增加，使炉管在每次升降温时都会承受较大的热应力。这种热应力引起的开裂，实际是属于一种低周疲劳断裂。

④乙烯裂解炉管的工作压力为0.2～0.4MPa，当炉管的裂纹裂透后，介质从乙烯裂解炉管的裂纹开口处泄漏情况较为缓和，裂口内外的压差与一般燃烧器的燃料压差接近，介质漏出后成为火苗不易被发现。发现泄漏后可以较为从容地按正常的停炉顺序进行处理。

⑤管内介质流速高，对内壁冲刷严重。裂解工艺的特点要求反应的时间尽可能短。随着裂解技术向更高的收率方向发展，介质在裂解管的停留时间也越来越短。一般在0.3～0.1s，最短的一种炉型停留时间为0.05s。介质在管内的流速达200m/s。加之介质内含有焦等固体颗粒，使介质对管内壁，尤其是对弯头的冲刷、磨蚀极为严重。为此，乙烯裂解炉的弯头一般为不等厚结构，受气流直接冲刷的部位壁厚达20～25mm左右，而非直接冲刷部位的壁厚与直管的相同。

⑥操作温度的影响。管式工业炉的加工工艺决定了炉子的操作温度，炉子的操作温度又基本决定了炉管及其管件的金属温度。该金属温度对炉管损坏的类型及程度起到主要作用。对一台已确定了的炉子，如果其辐射管束组中的某一根或几根炉管，或某一根炉管的某个部位过热，其温度与预计的设计温度有很大的差别，最常见的原因是炉管堵塞或管内触媒失活，也有可能是燃烧器的燃烧状况不好。炉管的管壁温度过热会引起下述一些不良后果：

第一，炉管塌陷及下垂。炉管过热使管子及管束的结构刚度下降，导致常见的炉管塌陷；炉管的全部或某一根过热，还会引起辐射管的吊挂系统、支撑系统因炉管的过热引起超过设计预计的热膨胀量，使这些吊挂、支撑不能承受预计的炉管重量，甚至引起吊挂系统的断裂。

第二，炉管弯曲。炉管受热不均，通常会引起炉管发生弯曲。燃烧器火焰偏斜，以及管内结焦等情况都能产生这种结果。炉管与静止部件（如管板、炉体）之间卡涩或是吊挂系统受载不合理，使炉管不能合理地膨胀与收缩时，都可能导致炉管弯曲。检修中，在更换某段管段时，如果其长度不正确，同样会造成膨胀收缩受阻使炉管弯曲。

第三，炉管外表面氧化并起层脱落。炉管的外表面被氧化并起层脱落，可以发生在某些炉管的局部部位，也可以包括整个炉内的全部管束。炉管外表层被氧化或起层脱落，通常是由于炉管的堵塞或过烧，使管壁温度高于炉管材质发生氧化反应的温度。有时，燃烧产物会沉积在炉管外表面，被误认为氧化皮。可采用磁性测量的办法将两者区分出来。炉管的氧化皮呈磁性，燃烧沉积物不呈磁性。

第四，鼓胀或蠕变引起开裂。材料的强度随温度的升高而下降，温度最高的炉管会因长期地同时承受高温及高应力作用而首先发生变形或蠕变。要防止炉管发生蠕变失效，应使炉管承受的应力与材料对应的温度下的许用应力相一致。鼓胀主要是由于炉管的局部温度高出了当时所承受的应力所对应的温度。

⑦金相发生变化。炉管材料在高温下长期使用，材料组织是不稳定的，会产生老化，发生以下变化：

第一，石墨化。碳钢及0.5Mo含量的钢种长期在高温下使用，钢中的渗碳体分解成铁与石墨使材料的强度降低，甚至产生裂纹。普通碳钢在450℃以上，0.5Mo钢在485℃以上，即会发生石墨化。材料发生石墨化后可根据上述的蠕变损伤计算方法及取样做有损试验两方面对炉管进行剩余寿命的评定。

第二，σ相脆化。含Cr在16.5%以上的铁素体或奥氏体钢长期在540~950℃时，会出现cr相。σ相占5%以下时，材料并不显示出大的脆性，危害不大。当大于5%时，炉管在450℃以下时显得很脆，易产生裂纹。σ相可以在奥氏体固熔化温度下消除。但受到σ相损伤后的材料，其强度难以恢复。因此，炉子的操作应避免在该材料最易形成σ相的温度下运行。在诸多的奥氏体材料中，Incolloy800H这类低碳的奥氏体钢不会产生σ相。这也是在一些对变温、变载荷、大应变的部位往往采用Incolloy800H的主要原因。

第三，回火脆化。加热炉常用的Cr5-Mo炉管，当其材质中的磷等有害元素总量大于0. 015%时，在炉内使用一个周期后，其材料会产生析出硬化的情况。这种变化实际上是材料的回火脆化，是由于材料在300~600℃下经过相当长的一段时间后，在其晶粒与晶粒之间有元素析出，使其延伸率及缺口韧性下降所致，材料的脆性转变温度也会上升。

第四，渗碳。温度越高，渗碳渗速快；奥氏体中溶解的碳越多，越容易获得比较深的渗层。特别是普通渗碳由于不可避免的有氧的引人，容易引起晶间氧化或出现黑色组织，对炉管损害也较大。

⑧炉管吊挂及支承力发生变化。所有的金属在受热后都要膨胀，如果膨胀受阻就会产生很大的应力，并且很容易引起炉管及其管件的变形。如果辐射管束中的某一段、某一根的管壁温度因积焦、堵塞、火焰偏烧等超过了其设计的温度范围，相应增加的热膨胀量将引起管束的吊挂、支承件的受力发生变化，并涉及与之相联的邻近炉管也产生附加的应力。严重的话，会造成过热部分的炉管及其邻近的相连炉管的变形、支承及吊挂件的断裂。

⑨热疲劳。工作温度较高的炉管及管件，当其结构上存在壁厚较厚，有几何断面突变，有异种钢焊接时，在介质或烟气温度有较大的或较快的变化时，在上述部位会产生由局部热应力所引起的热疲劳损伤。这种疲劳作用属于大应力的低周疲劳。一般在炉子运行5~6a后会发生因此种热疲劳作用所引起的开裂。较突出的，最为典型的是转化炉、制氢炉及乙烯裂解炉。这些炉子的管壁操作温度在900~1 100℃。每次开停工，温差很大。辐射管与猪尾管、集合管与猪尾管、炉管与炉管、炉管与弯头，其壁厚相差较大，有的相差4~8倍。在每次正常的开停工过程中，尤其是紧急降温过程中，在这些结合部位就会产生

一次很大的热应力。乙烯裂解炉必须经常烧焦、清焦，升降温较频繁，加之其炉管弯头壁厚达 20~40mm，材质为导热性能相对较差的奥氏体钢，炉管内壁如果已渗碳，渗碳层与未渗碳层有不同的热膨胀系数，在每一次清焦烧焦过程中，在这些部位就会产生一次较大的热应力作用。这种高温炉管及管件因温差引起的热应力远大于炉管内压所产生的膜应力。

⑩热冲击。工作温度越高的炉子，在紧急开停炉时越容易对炉管及其管件产生热冲击。最典型的例子是乙烯裂解炉的弯头。炉子的炉膛的工作温度约为 1 100℃，炉管壁厚 8~10mm，因考虑气体的冲刷作用，弯头的壁厚为 20~40mm。通常，裂解炉在紧急停炉时存在这样一种情况：停炉的联锁动作时，燃料及原料被切断，但是炉管内仍通入 200~300℃的冷却蒸汽，而全部辐射段炉膛及炉管仍为 1 000℃左右，热容量仍很大。由此会对炉管及弯头的内外壁产生很大的温差。由于弯头的管壁最厚，热冲击产生的应力也最大。

⑪燃烧产物的影响。管式工业炉因燃料燃烧所引起的腐蚀问题主要取决于燃料的特性。当燃料气或燃料油中的硫含量较高时，在辐射段炉管的外表面就会沉积一层硫酸盐。这层硫酸盐在炉子运行时并没有什么特别严重的害处。但是在炉子停工时，一旦这一层沉积物的温度下降时，就会显示出很强的吸水性能，从大气中吸收水分，形成硫酸，对与之接触的金属产生很强的腐蚀。硫含量高对对流段也会造成危害：当运行中的管子表面的温度达到露点温度时，管子的外表面会受到酸腐蚀。

当燃料中的钒含量很高，炉管温度在 650~760℃范围时，会产生非常迅速的五氧化二钒的腐蚀。五氧化二钒沉积于高温炉管的外表面，并渗入炉管金属内，使之熔化。燃料中的上述有害元素也会给炉体及烟囱带来危害。当炉子内的耐火砖或保温层失效或炉子处于正压操作时，常温的金属构件由于长期暴露于这种烟气气氛中，会受到烟气的侵蚀。如果这种烟气从不同的部位漏出，烟气会在低于露点温度的金属件及外壁上冷凝下来。当炉子停工时，这种冷凝物吸潮形成酸，加速了炉子外壁及吊挂件的腐蚀。当这种烟气灰尘在中等程度的高温下与耐火砖接触时，会发生熔解反应，产生有些像流体一样的渣。钒与钼的氧化物就是这类熔化剂。这种造渣过程至少造成三方面的恶化：一使耐火砖熔化；二使有害物质渗入耐火砖内；三使砖发生化学反应。这三方面影响的最终结果是使耐火砖的有效厚度减薄，隔热性能降低，最终使钢结构及支撑件承受更高的温度。

含硫的烟气对烟囱、烟道的内壁会产生很严重的损坏作用。当烟气达到烟囱的某一高度，温度降至露点温度时，会产生冷凝液滴，燃烧产物与之结合形成弱硫酸及碳酸，对钢制烟囱产生非常严重的腐蚀作用。在炉子运行时，只是温度在露点以下的部分烟囱会受到腐蚀，而在炉子处于冷态时，则是整段烟囱及烟道都受到这种腐蚀。

2. 其他影响裂解炉安全操作的因素

①清扫、置换引起的影响

炉管及管件的使用寿命会因采用各种机械吹扫、清扫而受到影响。在清除内外积焦及其他沉积异物时，会受到各种机械损伤。在对炉子进行检修时，如果对炉管及管件进行不合理的打磨、清扫、敲击等，也都会引起这些部件的减薄、变形甚至断裂。

②爆燃的影响

在辐射段未能燃烧的燃料进入烟道及烟囱后会引起爆燃。爆燃不仅对烟道、烟囱直接产生很大的气体冲击力，对对流段的管束，甚至辐射段的炉墙也会因此承受冲击力。

③振动的影响

如果炉子离大型往复运动设备太近，或炉子本身有强烈的振动，首先受到影响的是炉子的烟囱。此时应考虑烟囱的疲劳影响。

④大气环境的影响

大气中的环境湿度、含盐量以及工业烟尘含量都会对炉子，尤其是炉子的本体的钢结构产生直接的危害。从地理位置角度看，某台炉子可能不会有湿度大引起的损坏问题。但是，如果炉子离凉水塔或冷却水太近，又处于其风向的下游时，同样会因环境因素受到腐蚀。

大气环境的恶劣，对裸露的钢结构会使之生锈。已刷了漆的，其表面会加速老化、冲蚀。水泥基础、水泥烟囱及保温材料会加速风化。炉子的外壳、外壁如果因这种侵蚀严重引起开口，雨水或其他水分就会从开口处进入炉子，引起炉内耐火材料、保温材料及金属件的损坏，尤其是在炉子停工时最为严重。

3. 裂解炉的安全控制技术

裂解炉生产乙烯过程是大型、连续、各工序密切相关的生产过程，要求工艺系统稳定操作，只靠一般的测量仪表、手动调节或单回路自动调节已不能满足生产的要求。为此，近代大型工厂都广泛采用计算机来控制生产。测量生产过程的参数，进行二次分析、综合、判断和数据处理，并按照预先给定的数学模型进行运算，根据运算结果，调整常规调节器的给定值，实现过程的闭环控制。

裂解炉的计算机控制方案是对反应温度、稀释蒸汽比、运转周期等进行控制。除了配备大量的工艺参数测温和报警联锁系统外，还必须设置有关的调节系统。其中有：①总原料油温度调节系统；②总稀释蒸汽压力调节系统；③总燃料气压力调节系统；④总燃料抽压力调节系统；⑤炉顶火嘴、侧壁火嘴用的燃料油压力调节系统；⑥炉顶火嘴、侧壁火嘴用的燃料油与雾化蒸汽间压差调节系统；⑦各组炉管进料流量调节系统；⑧各组炉管稀释蒸汽注入流量调节系统；⑨炉膛负压调节系统；⑩裂解炉出口温度调节系统。

4. 裂解炉的结焦与清焦

管式裂解炉主要是由炉体和裂解管两部分组成，炉体由耐火材料及钢构件砌筑，分辐射和对流两室，在辐射室炉壁的一定部位安装有一定数量的烧嘴，裂解管布置在辐射室内。原料预热管安装在对流室内。石油烃类裂解过程由于聚合、缩合等二次反应的发生，不可避免地会结焦，积附在裂解炉管的内壁上，结焦程度随裂解深度的加深而加剧，且与烃分压、原料重质化等有关，有时结成坚硬的环状焦层，管子内径变小、阻力增大，使进料压力增加、管壁温度升高，严重时炉管烧穿，介质大量泄漏，易引起火灾或爆炸事故。炉管结焦后，由于焦层不易导热，使加热炉效率下降，炉管出现局部过热，甚至烧穿，这种事故应尽量避免。

炉管结焦的现象如下：

①炉管投料量不变的情况下，进口压力增大，压差增大。

②从观察孔可看到辐射室裂解管管壁上某些地方因过热而出现光亮点。

③投料量不变及管出口温度不变但燃烧耗量增加，管壁及炉膛温度升高。

④裂解深度加深，裂解气中乙烯的含量下降。

随着裂解的进行，焦的积累量不断增加，会堵塞管道，影响安全生产，应及时进行清焦。清焦的方法有停炉清焦作业法和不停炉清焦法。停炉清焦法是将进料切断后，用惰性气体和水蒸气清扫管线，逐渐降低炉温，然后通入蒸汽、空气烧焦；停炉清焦法将进料及出口裂解气切断（离线）后，用惰性气体和水蒸气清扫管线，逐渐降低炉温，然后通入空气和水蒸气烧焦。

由于氧化（燃烧）反应是强放热反应，故须加入水蒸气以稀释空气中氧的浓度，以减慢燃烧速度。烧焦期间，不断检查出口尾气的二氧化碳含量，当二氧化碳浓度低至0.2%（干基）以下时，可以认为在此温度下烧焦结束。在烧焦过程中，裂解管出口温度必须严加控制，不能超过750℃，以防烧坏炉管。

坚硬的焦块有时须用机械方法除去，机械除焦法是打开管接头，用钻头刮除焦块，这种方法一般不用于炉管除焦，但可用于急冷换热器的直管除焦。机械除焦劳动强度较大。不停炉清焦法是一种改进。有交替裂解法和水蒸气、氢气清焦法等。交替裂解法是在使用重质原料（如轻柴油等）裂解一段时间后有较多的焦生成需要清焦时，切换轻质原料（如乙烷）去裂解，并加入大量水蒸气，这样可以起到裂解和清焦的作用。当压降减小后（焦已大部分被清除），再切换为原来的裂解原料。水蒸气、氢气清焦法即定期将原料切换成水蒸气、氢气。

清焦时备有蒸汽吹扫管线和灭火管线。设置紧急放空管和放空罐，防止因阀门不严或设备腐蚀漏气造成事故。如果停水和水压不足，或因误操作气体压力大于水压而冷却失效，会造成处于高温下的裂解气烧坏设备而引起火灾。应配备两路电源和两路水源。操作时，要保证水压大于气压，发现停水或气压大于水压时要紧急放空。

不停炉清焦法有交替裂解法和水蒸气、氢气清焦法。

第二节　裂解气的深冷分离技术

一、裂解气的分离过程

（一）裂解气的组成及分离要求

以石油馏分油、天然气、油田气、炼油厂气等为原料进行裂解，其裂解气是很多组分的混合气体。石油烃裂解气的组成决定于原料组成、裂解方法、裂解条件。不同的原料组成、不同的裂解方法、不同的裂解条件，得到的裂解气组成是不一样的。即使是同一种原料组成，同一种裂解方法，裂解条件变化，得到的裂解气组成也是不同的。

裂解气分离的主要目的就是通过一定的分离手段，分离开裂解气中的主要组分，脱除有害杂质；特别是要获得高纯度的乙烯、丙烯、丁二烯，为基本有机化工、高分子化工、精细化工等行业提供符合质量要求的基本原料。

（二）裂解气的深冷分离

目前，工业上常采用的裂解气分离方法有油吸收分离法（技术经济指标与产品纯度均不如深冷分离法）和深冷分离法两种分离方法。这里重点介绍深冷分离法。

深冷分离法的原理是在-100℃左右的低温下将裂解气中除甲烷和氢以外的其他烃全部冷凝下来，然后利用裂解气中各种烃类的不同相对挥发度，用精馏方法在适当的条件下将各组分逐一分离开来。由于深冷分离法技术经济指标先进、产品收率高、质量好，尽管投资较大、流程较复杂、需大量耐低温合金钢材，仍被各国石油化工企业广泛采用。裂解气是很复杂的混合物，要从这样复杂的混合物中分离出高纯度的乙烯、丙烯等产品，需要进行一系列的净化和分离过程。净化位置可以变动，精馏塔数多少及位置安排也是多方案的，但就其分离过程来说，可以概括为三大部分。

1. 裂解气净化系统：包括脱除酸性气体、脱水、脱炔和脱一氧化碳。

2. 压缩和冷冻系统：裂解气加压降温，为裂解气分离创造条件。

3. 精馏分离系统：包括一系列的精馏塔，以便分离开甲烷、乙烯、丙烯、碳四馏分及碳五馏分。

二、裂解气压缩过程与安全

裂解气在分离前都要进行预处理，其内容包括裂解气压缩、酸性气体脱除、脱水、脱炔烃和脱一氧化碳等。裂解气压缩是裂解气预处理的一个重要工序，也是首先要进行的工序。

（一）裂解气压缩的目的

裂解气中的许多组分在常压下都是气体，其沸点都很低。如果在常压下进行各组分的冷凝分离，则需很低的温度，须消耗大量的冷量。为了使分离温度不致太低，可以适当提高分离压力。

压缩过程是通过对裂解气的压缩做功，提高压力使其裂解气各组分的沸点相应升高从而提高深冷分离的操作温度，节约低温能量和低温钢材。裂解气经压缩冷却后，会产生部分裂解气凝液，凝液主要是水分和重质烃。因此，裂解气压缩能除去相当数量的水分和重质烃，为后续干燥和分离过程减少了负担。

（二）裂解气压缩的特点

裂解气压缩的特点主要表现在如下五方面：

1. 裂解气被压缩后，压力增高，温度也相应升高，裂解气中的烯烃和二烯烃等，在压缩升温后容易聚合、结焦。这些聚合物和结焦物积聚在压缩机的零部件上，造成压缩机的阀片堵塞、气缸磨损，使压缩机润滑油的黏度下降，从而破坏压缩机的正常运行。因此，裂解气压缩后的气体温度必须有一定限制。同时在每段压缩机入口喷入雾化油，使喷入量正好湿润压缩机通道，以防聚合物和焦油沉积。

2. 为了节省能量，降低压缩消耗功，裂解气压缩采用多段压缩，段与段中间设置有中间冷却器和气液分离罐，一方面降低下一段压缩机入口处温度，另一方面分离出液化的组分，防止液体进入压缩机。

3. 裂解气压缩基本上属于一个绝热过程，压缩机出口温度可由气体绝热方程算出。

$$T_2 = T_1 \left(\frac{p_1}{p_2}\right)^{\frac{h-1}{k}} \tag{2-1}$$

式中T_1，T_2——压缩机进出口温度。

p_1，p_2——压缩机进出口压力。

k——绝热指数，$k=c_p/c_v$，c_v 为恒压 J/（mol·K）；c_p 为恒容热，J/（mol·K）。

4. 裂解气是易燃易爆的混合气体，与空气混合达到一定浓度范围时，遇火种或高温将引起爆炸。因此，必须采取严格的防爆措施。

5. 裂解气对压缩机润滑油有一定的稀释能力，使润滑油的黏度和闪点下降，导致压缩机运转不正常和不安全。在生产操作过程中要定期对润滑油进行严格检查，对不合格的润滑油要及时更换。

（三）压缩机的选用

压缩机是乙烯装置的心脏，通常说的三机是指裂解气压缩机、丙烯制冷压缩机和乙烯制冷压缩机。裂解气压缩机将裂解气压缩到 2.94~3.92MPa 的压力（表），使裂解气易于液化以便分离。丙烯压缩机和乙烯压缩机分别以丙烯和乙烯为制冷剂，为分离系统提供降温所需冷量。

离心式压缩机又称透平压缩机，没有气阀、填料、活塞环等易损件，加工及制造成本较为经济；其转速通常在 3 500~12 000r/min，最高可达 15 000r/min，可直接用同转速透平机驱动，无需变速装置。透平压缩机噪声较小、压力稳定，但流量小时会产生喘振。透平压缩机运行稳定可靠，维修期为 1~3a，因此可单机运转，省去备用机组。透平压缩机吸入状态的最大流率可达 $3\times10^5\sim4.5\times10^5m^3/h$，排气压力可达 29.23~49.04MPa。因此，大型乙烯装置的三机都采用离心式压缩机。

（四）裂解气压缩工艺过程

工业上裂解气压缩机一般为四段或五段压缩。裂解气压缩流程的选择，取决于裂解气的组成和所选用的气体分离流程。

裂解气经三段压缩、碱洗塔、干燥塔后进入脱丙烷塔。脱丙烷塔釜液与汽油汽提塔釜液去脱丁烷塔分离出丁烷以上的重组分。

三、裂解气的净化

（一）酸性气体的脱除

裂解气中的酸性气体主要指 CO_2 和 H_2S，此外还有少量的有机硫化物如 CS_2、硫醇和硫醚（RSH 和 RSR）、氧硫化碳（COS）、噻吩等。

裂解气中的 H_2S，一部分由裂解气原料带来，另一部分由裂解原料中所含的有机硫化物在高温裂解过程与氢发生氢解反应而生成的。如：

$$RSH + H_2 \rightarrow RH + H_2S \quad (2-2)$$

裂解气中 CO_2 的来源有：

第一，CS_2 和 COS 在高温下与稀释蒸汽发生水解反应：

$$CS_2 + 2H_2O \rightarrow CO_2 + 2H_2S \quad (2-3)$$

$$COS + H_2O \rightarrow CO_2 + H_2S \quad (2-4)$$

第二，裂解炉管中的焦炭与水蒸气作用：

$$C + 2H_2O \rightarrow CO_2 + 2H_2 \quad (2-5)$$

第三，烃与水蒸气作用：

$$CH_4 + 2H_2O \rightarrow CO_2 + 4H_2 \quad (2-6)$$

H_2S 对设备和管道会产生腐蚀，并可使干燥用的分子筛、加氢脱炔催化剂中毒失活，缩短其使用寿命。CO_2 不仅能使催化剂中毒，而且在深度冷冻时可形成干冰，堵塞设备和管道。因此，裂解气在分离前必须先脱除酸性气体。

工业上通常采用溶剂吸收方法除去裂解气中的酸性气体。选用的溶剂应对 CO_2 和 H_2S 等酸性气体的溶解度大、反应性能强，而对裂解气中的烃类溶解度小，不起化学反应，即选择性好。此外，还要求溶剂挥发度小、腐蚀性小、易分离回收、无毒、不易燃烧和爆炸、来源广、价格低廉等。工业上常用的溶剂有 NaOH 溶液、乙醇胺溶液和 N^-甲基吡咯烷酮等。当裂解气中酸性物质含量不高时，用 NaOH 溶液做溶剂比较经济。当裂解气中酸性物质含量高时，可考虑采用乙醇胺溶液脱除含硫量的 90%~95%，残留的 5%~10%再用碱液脱除。采用乙醇胺溶液可减少新鲜碱液的消耗，减少废碱液排放，有利于保护环境，但必须增加一套胺洗和再生系统，增加设备投资和运行费用。

1. 三段碱洗法

(1) 碱洗法原理

碱洗常采用三段碱洗法，其反应如下：

当 NaOH 存在时生成 Na_2S 和 Na_2CO_3：

$$4NaOH + CO_2 + H_2S \rightarrow Na_2CO_3 + Na_2S + 3H_2O \quad (2-7)$$

$$COS + 4NaOH \rightarrow Na_2CO_3 + Na_2S + 2H_2O \quad (2-8)$$

$$RSH + 2NaOH \rightarrow ROH + Na_2S + H_2O \quad (2-9)$$

$$CS_2 + 6NaOH \rightarrow Na_2CO_3 + 2Na_2S + 3H_2O \quad (2-10)$$

当 NaOH 消耗后，Na_2S 和 CO_2、H_2S 进一步反应生成 Na_2CO_3，NaHS：

$$3Na_2S + CO_2 + H_2S + H_2O \rightarrow Na_2CO_3 + 4NaHS \quad (2-11)$$

当 Na_2S 尽后，Na_2CO_3 与 H_2S、CO_2 可继续反应生成 $NaHCO^3$，NaHS：

$$2\,Na_2CO_3 + H_2S + CO_2 + H_2O \rightarrow 3\,NaHCO_3 + NaHS \tag{2-12}$$

上述三段碱洗法即“长尾曹达法”，具有 NaOH 耗量少的特点。而且碱洗塔釜不存在 NaOH，从而减少了腐蚀。但此法操作必须十分小心，要严格控制最下一段废碱液中 $NaHCO_3$ 含量。因 $NaHCO_3$ 含量过高会结晶析出，造成设备和管道的堵塞。最后一段废碱液组成一般应为 cNaHS = 20%，cNa_2S = 1.3%，cNa_2CO_3 = 0.69%，$cNa_2S_2O_3$ = 0.25%，$cNaHCO_3$ = 1.5%，cH_2O = 76.26%。

（2）碱洗法流程

碱洗塔分为四段，上段用水洗除去裂解气中夹带的碱液。下部三段为碱洗段。上碱洗段 NaOH 浓度为20%左右，碱液浓度逐段下降，最下一段 NaOH 浓度为零。各段用泵打循环，新鲜碱液用补充碱液泵连续送入碱洗塔的最上段。自塔釜排出的废液进入脱气罐，在减压下脱出溶解于废碱液中的烃类，废碱液送处理装置。经三段碱洗和一段水洗后的裂解气送压缩机继续压缩、脱水、脱重烃，再送干燥系统。温度低有利于碱液对酸性气体的吸收，但温度过低会使烃凝于碱液中，引起碱液乳化，影响吸收效果。因此，裂解气体进入碱洗塔前要进行加热，使裂解气温度稍高于其露点温度。

（3）碱洗法操作条件

碱洗法操作压力一般为 1～2MPa，若碱洗塔置于压缩机三段出口处，操作压力为 1MPa；若碱洗塔置于压缩机四段出口处，操作压力为 2MPa。从脱除酸性气体的要求来看，压力大是有利的，这样可以有效减小吸收塔的尺寸，提高吸收率，减小循环碱液量。

碱液温度一般为 30～40℃，温度低不仅脱除有机硫的效果差，且 C_4 以上馏分会冷凝入碱液中。

2. 乙醇胺法

（1）乙醇胺法原理

脱除酸性物质的反应如下：

$$2\,RNH_2 + H_2S \rightleftharpoons (RNH_3)_2S \tag{2-13}$$

$$(RNH_3)_2S + H_2S \rightleftharpoons 2\,RNH_3HS \tag{2-14}$$

$$2\,RNH_2 + CO_2 + H_2O \rightleftharpoons (RNH_3)_2CO_3 \tag{2-15}$$

$$(RNH_3)_2CO_3 + CO_2 + H_2O \rightleftharpoons 2\,RNH_3HCO_3 \tag{2-16}$$

$$2\,RNH_2 + CO_2 \rightleftharpoons RNHCOONH_3R \tag{2-17}$$

（2）乙醇胺法工艺条件控制

①乙醇胺浓度。乙醇胺浓度一般控制在 5%～10%。乙醇胺浓度低时，脱酸效果差，不利于气体的净化；采用过高的浓度（如>15%），容易引起“发泡”现象，降低吸收效率。

②乙醇胺负荷。乙醇胺负荷是指每摩尔乙醇胺中所含酸性气体的多少。一般控制乙醇胺负荷不超过 0.5mol 酸性气体/mol，否则会产生过多的碳酸氢盐，从而产生游离的 CO_2，降低溶液的 pH 值，加速对设备的腐蚀。对碳钢设备，乙醇胺负荷控制在 0.33～0.35mol 酸性气体/mol 胺为宜。

③操作温度。吸收过程中一般采用 35～45℃的操作温度，温度高对吸收过程不利；吸收剂再生温度控制在 110～116℃，温度高时会造成设备的腐蚀。

④操作压力。高的压力有利于吸收，由于吸收塔置于压缩机某段（Ⅲ或Ⅳ段）出口，吸收过程的压力取决于某段（Ⅲ或Ⅳ段）压缩机出口压力，不做其他调整。低的压力有利于解吸，再生过程压力一般控制在 137～140kPa（表）为宜。

（3）胺洗工艺流程

乙醇胺加热至 45℃后送入吸收塔的顶部。裂解气中的酸性气体大部分被乙醇胺溶液吸收后，送入碱洗塔进一步净化。吸收了 CO_2 和 H_2S 的富液由吸收塔釜采出，向富液中注入少量洗油以溶解富液中重质烃及聚合物。富液和洗油经分离器分离洗油后，泵入汽提塔解吸。汽提塔解吸出的酸性气体经塔顶冷却器冷却回收凝液后放空。解吸后的贫液返回吸收塔循环吸收。

（二）裂解气脱水

1. 裂解气中水分的来源

在裂解过程中加入了大量的水蒸气作为稀释蒸汽，虽然在裂解气预分离和压缩过程中大量水分已被分离掉，但仍然有少量水分存在于裂解气中，碱洗过程中亦有部分水分进入裂解气。操作温度下饱和水分存在，一般质量分数为 400～700μg/g。

2. 水分的危害

当深冷分离温度降到-100℃左右时，残留的水就会结冰堵塞管道，还可与烃类反应生成 $CH_4 \cdot 6H_2O$，$C_2H_6 \cdot 7H_2O$，$C_3H_8 \cdot 7H_2O$，$C_4H_{10} \cdot 7H_2O$ 等水合物。这些水合物冻结在管道、器壁、塔板上，影响分离过程正常运行。另外，高纯度乙烯和丙烯产品对水含量有严格规定，因此，必须对裂解气进行严格的干燥脱水才能满足生产要求。气体相对密度越大、温度越低、压力越高，越容易生成水合物。为防止水合物的生成，必须使水蒸气的分压小于结晶水合物的蒸气压，同时气体干燥后的露点至少要比生产时的操作温度低 5～7℃。

裂解气深冷分离过程一般要求干燥后的露点在-70℃以下。

3. 裂解气脱水

在乙烯装置中，裂解气干燥都采用固体干燥剂吸附法。干燥剂主要是分子筛和活性氧化铝。脱除气体中的微量水以分子筛的吸附容量最大。随着水含量的增多，活性氧化铝吸附水容量增加，且可超过分子筛的吸附容量。因此，水含量较高时可采用活性氧化铝和分子筛串联的脱水流程。分子筛具有高选择性的吸附能力、高干燥深度、大吸附容量、使用寿命长、操作方便等优点，所以在工业生产中得到广泛应用。

温度较低时分子筛的平衡吸附容量较大，因此，裂解气可在常温下得到深度干燥。分子筛吸附水分达到饱和时，可用加热升温的办法进行脱附。为促进这一过程，可以用 N_2、CH_4、H_2 做再生载气，这是因为 N_2、CH_4、H_2 等气体分子比较小，可以进入分子筛的空穴内，又是非极性分子，不易被吸附，却能降低水蒸气在分子筛表面上的分压，起到携带水分子脱附的作用。

4. 分子筛脱水和再生流程

干燥器通常设置两台，一台进行干燥作业，另一台再生备用。裂解气自上而下通过干燥器进行脱水。当干燥器使用一段时间后，分子筛吸附量接近饱和，进口端先饱和，然后饱和线逐渐下移。吸附带移至一定高度时，就须对分子筛进行再生。再生气自上而下通过床层，缓慢升温至 200~300℃，床层脱附也自上而下逐渐移动，吸附在分子筛外表面的少量烃类首先脱附，随着温度的升高，吸附水也逐渐脱附出来。用 3A 分子筛做干燥剂，干燥操作周期为 24h，再生周期小于 24h。

分子筛的再生操作很重要，它关系到分子筛的活性和使用寿命。一方面，分子筛吸附水容量及其活性降低，主要是由于重质不饱和烃，尤其是二烯烃在分子筛表面积聚，故在分子筛干燥之前须将裂解气中重质烃脱除；另一方面，在分子筛再生时，须将重质烃脱除彻底，为了排除吸附的重质烃，可进行增湿，用水蒸气排除吸附的烃类。

（三）脱炔

裂解气中含有少量的乙炔、丙炔和丙二烯，一般乙炔含量为 2 000~7 000μL/L，丙炔含量在 1 000~1 500μL/L，丙二烯含量为 600~1 000μL/L，它们都将严重影响产品质量。而且过多的乙炔积累可引起爆炸，因此，必须在分离前将它脱除。工业上所采用的脱炔方法有选择加氢法和溶剂吸收法两种。不需要回收乙炔时，宜采用选择加氢法；需要回收乙炔时，则宜采用溶剂吸收法。

1. 催化加氢脱乙炔

裂解气中乙炔 C_2H_2 含量较少，但 C_2H_4 等含量较高，加氢脱炔一方面使 C_2H_2 加氢为 C_2H_4，另一方面，C_2H_4 也可能加氢为 C_2H_6，这样就要求使用选择性高的催化剂，使 C_2H_2 加氢为 C_2H_4，而限制 C_2H_4 加氢为 C_2H_6，以增加乙烯收率。

从化学平衡分析，C_2H_2 在热力学上是很有利的，几乎可以接近全部转化，使 C_2H_2 的浓度降低至 10^{-6}级别。但同时要求选择性良好的催化剂，常用的是 $Pd/\alpha-Al_2O_3$ 催化剂，或是 $Ni-Co/\alpha-Al_2O_3$ 催化剂。

乙炔在加氢过程中，乙烯和乙炔发生二聚、三聚所生成的低分子聚合物称为绿油。绿油的生成与催化剂性能有关，也和乙炔加氢操作条件有关，操作温度高，绿油生成量多，氢炔比大绿油生成量小。绿油对加氢后的干燥、精馏操作不利，可采用乙烷馏分稀释的办法减少绿油的生成。

2. 前加氢和后加氢

裂解气中乙炔的加氢脱除，有前加氢和后加氢两种流程，后加氢又分为全馏分加氢和产品加氢两种。

前加氢脱炔是在脱甲烷塔前加氢，其加氢气体利用裂解气镏分中已有的氢气，不需要外来补充，但乙烯损失量大。前加氢过程具有流程简单、投资省的优点。但也有操作不稳定，反应器体积大，丙烯、丁二烯加氢损失多，脱乙烷塔操作压力增加，以及催化剂生产周期短等缺点。其中操作稳定性差是最大缺陷。因此，目前工业上普遍采用后加氢工艺。

后加氢过程是在裂解气分离出 C_2 和 C_3 馏分后，再分别对馏分进行催化加氢，以脱除乙炔。后加氢过程具有催化剂较成熟、选择性高、使用寿命长，产品纯度较高等优点。但能量利用率不如前加氢过程。

来自脱乙烷塔的 C_2 馏分含有 5 000μL/L 的乙炔，和预热至一定温度的氢气相混合，进入一段加氢绝热反应器，有一段出来的气体再配入补充氢气，经过调解温度后，进入一段加氢绝热反应器。反应后气体经降温至-6℃左右，送去绿油洗涤塔，用乙烯塔侧线馏分洗涤气体中含有的绿油。脱除绿油的气体进行干燥，然后去乙烯精馏系统。

通常炔烃含量高时采用全馏分加氢，炔烃质量分数小于 1.5%（大多数裂解气小于 1%）时采用产品加氢。如果采用产品加氢而炔烃浓度高时，会因为加氢过程温升加大而出现超温现象，使绿油量增加，生产很不安全。Lummus 流程中将加氢反应分两段进行，段间设中间冷却器，可以保证生产安全稳定地进行。

C_3 馏分中的丙炔和丙二烯是裂解过程中产生的，也可采用加氢法脱除。加氢的方法有气相加氢和液相加氢两种，已投产的大型乙烯装置多采用气相加氢，原理及方法和乙炔加氢工艺基本相同。

3. 后加氢流程工艺条件

（1）反应温度。乙炔加氢反应器为绝热反应器。催化剂使用初期，其最佳选择性反应区域在较低温度范围。随着催化剂使用时间延长，催化剂活性下降，应该逐渐提高反应温度。当温度提高到一定值时，催化剂的活性、选择性明显下降，绿油生成量增加、乙烯损失增加、产品质量不稳定，此时必须对催化剂进行再生。通常反应器入口进料温度为27~93℃。

（2）CO浓度。CO会使催化剂中毒，但由于CO吸附能力比乙烯强，可抑制乙烯在催化剂上吸附而加氢生成乙烷。所以其浓度并不要求太低，一般CO体积分数在1~10μL/L为宜。

（3）氢炔比。当氢炔比过高，过剩的氢气会使乙烯加氢变成乙烷，降低乙烯的收率；如果氢量不足，会使乙炔加氢不完全，产生“漏炔”现象。适宜的氢炔比（摩尔比）一般为1.5~2.5，生产中以反应后的最终馏出物中剩余氢体积分数为500μL/L左右为控制指标。

（4）飞温。如果反应器入口温度过高，或氢气加入量过多，将使乙烯加氢的反应增多，放出大量热而使反应床层温度急剧升高，这种现象称为“飞温”。为避免出现飞温，首先要调整好入口处温度并控制氢气量。一旦出现飞温，应果断地切断氢气并停车处理，以免发生严重后果。

催化剂再生一般用蒸汽再生法，以蒸汽与催化剂质量之比1∶10的比例通入蒸汽，并以80℃/h的升温速度使床层温度达到370℃，吹除6~12h。然后以80℃/h的速度降温，使床层温度降为200℃，切断蒸汽，再进行干燥和冷却。

4. 溶剂吸收法脱乙炔

利用乙炔可溶于丙酮、二甲基甲酰胺、N⁻甲基吡咯烷酮、乙酸乙酯等溶剂的特性，以吸收方法进行脱炔。此法多用于乙炔含量很高，有回收利用价值的裂解气脱炔。

（四）脱除一氧化碳

原料气中存在有少量CO，在深冷分离过程中留在氢气中。当氢气用于加氢除炔烃过程时，可提高催化剂的选择性，但CO含量过高时，对催化剂有毒害作用。脱除CO的方法是在Ni/Al_2O_3等催化剂存在下使CO加氢生成甲烷，称为甲烷化法。其反应为：

$$3H_2+CO \xrightarrow[3.0MPa]{260\sim300℃} CH_4+H_2O$$

四、制冷过程

（一）压缩循环制冷

低温的产生来自压缩制冷循环系统。压缩循环制冷的原理是利用制冷剂自液态汽化时，要从物料或中间物料吸收热量因而使物料温度降低的过程。所吸收的热量，在热值上等于它的汽化潜热。液体的汽化温度（沸点）是随压力的变化而改变的，压力越低，相应的汽化温度也越低。

压缩制冷系统可由压缩、冷凝、膨胀、蒸发四个基本过程组成。

1. 压缩。常温、常压下的氨气，通过压缩机压缩，使氨出口温度升高，利于提高传热温差，方便传热；出口压力升高，有利于后续膨胀过程降压。

2. 冷凝。高压下的氨蒸气的冷凝点是比较高的。例如把氨蒸气加压到 1. 55MPa 时，其冷凝点是 40℃，此时，可由普通冷水做冷却剂，使氨蒸气在冷凝器中变为液氨。

3. 膨胀。若液氨在 1. 55MPa 压力下汽化，沸点为 40℃，不能得到低温，为此，必须把高压下的液氨，通过节流阀降压到 0. 12MPa，若在此压力下汽化，温度可降到-30℃。节流膨胀后形成低压、低温的气液混合物进入蒸发器。

4. 蒸发：在低压下液氨的沸点很低，当压力为 0. 12MPa 时，沸点为-30℃。液氨在此条件下，在蒸发器中蒸发变成氨蒸气，同时被冷物料通入液氨蒸发器吸取冷量，产生制冷效果，使被冷物料冷却到接近-30℃。在此液氨又重新开始压缩过程，形成一个闭合循环操作过程。

氨通过上述四个过程，构成了一个循环，称之为冷冻循环。这一循环，必须由外界向循环系统输入压缩功才能进行，因此，这一循环过程是消耗了机械功，换得了冷量。

氨是上述冷冻循环中完成转移热量的一种介质，工业上称为制冷剂或冷冻剂，冷冻剂本身物理化学性质决定了制冷温度的范围。如液氨降压到 0. 098MPa 时进行蒸发，其蒸发温度为-33. 4℃，如果降压到 0. 011MPa，其蒸发温度为-40℃，但是在负压下操作是不安全的。因此，用氨做制冷剂，不能获得-100℃的低温。所以要获得-100℃的低温，必须用沸点更低的气体作为制冷剂。

（二）冷冻剂的选择

深冷分离过程中除了裂解气的压缩需要能量外，还需要供应制冷剂，原则上，沸点低的物质都可以用作制冷剂。实际上，则须选用可以降低制冷装置投资、运转效率高、来源容易、毒性小的制冷剂。对乙烯装置而言，乙烯和丙烯为本装置产品，已有贮存设施，且乙烯和丙烯已具有良好的热力学特性，因而均选用乙烯和丙烯作为制冷剂。

实践证明，制冷温度越低，单位能量消耗越大。所以工程上将温度分出不同级位，这样在不同的冷冻场合使用不同温度级别的制冷剂，合理匹配，节省能量。如果需要温度级别很低时，就需要多级制冷才能获得更低温度。

（三）复迭制冷

欲获得低温的冷量，而又不希望制冷剂在负压下蒸发，则需要采用常压下沸点很低的物质为制冷剂，但这类物质临界温度也很低，不可能在加压的情况下用水冷却使之冷凝，为了获得-100℃温度级位的冷量，需要以乙烯为制冷剂，但乙烯的临界温度是 9.5℃，低于冷却水的温度，因此不能用冷却水使乙烯冷凝，这样就不能构成乙烯压缩制冷循环。此时，需要另外一种制冷剂氨或丙烯，其蒸发温度低于乙烯的临界温度，便于取出被压缩的乙烯热量，使乙烯冷凝，这样丙烯的压缩制冷与乙烯的制冷循环复迭起来，构成复迭制冷。可见，要获得低温冷源，复迭制冷是必须的。

（四）多级制冷

以上是丙烯-乙烯二元复迭制冷的情况，如果需要低于-100℃的低温冷源，同理则需要用甲烷为制冷剂，而甲烷的最高冷凝温度为其临界温度-82.5℃，这时就需要丙烯-乙烯-甲烷三元复迭制冷循环。深冷分离流程中除了-100℃的温度外，还需要 41℃、-24℃、3℃、18℃等温度级位的制冷剂，所以复迭制冷能够提供多温度级位的制冷剂，才能合理利用能量，否则只能用低温度级位的制冷剂向较高温度级位提供冷量，这是“大马拉小车”，能量利用不合理。要获得不同温度级位冷剂，就丙烯-乙烯复迭制冷，尽可能组织热交换，做好制热剂和制冷剂的调配。

五、裂解气的深冷分离控制技术

石油烃裂解气是由烷烃、烯烃和氢等组成的混合物，只有经过分离才能作为有机合成工业的原料。由于后继有机产品不同，对原料的要求也不尽相同。因此，应根据后继产品对原料的要求来选取裂解气分离的工艺技术路线。

裂解气中氢和甲烷的沸点最低，氢和甲烷的分离是裂解气分离的关键步骤。裂解气分离方法主要有深冷法和油吸收法。

深冷分离法是在-100℃以下的低温下脱除氢和甲烷，将其余组分全部液化，然后利用各组分相对挥发度的不同，经各精馏塔逐个分离，所以又称深冷-精馏法。

油吸收法是利用 C_3 或 C_4 馏分做吸收剂，在 3.63~3.92MPa（表）的压力和-30℃温度下，利用吸收剂对裂解气中氢和甲烷吸收能力低的特性，将裂解气中除氢和甲烷以外的其他组分吸收下来，然后利用精馏法将被吸收的组分逐个分离。也称为吸收-精馏法或中冷法。此法流程简单、技术易于掌握、不需昂贵的低温钢、投资少、建设周期短，但能耗高、处理能力有限，只适用于小型裂解装置。大型化乙烯装置广泛采用深冷法。

其他分离方法，如分子筛吸附分离法和络合分离法，只用于低浓度乙烯气体的回收。

（一）裂解气的深冷分离流程

深冷分离流程比较复杂，设备较多，能耗占整个装置总能耗的比例相当大。流程的选择关系到装置的建设投资、能量消耗、操作费用、运转周期、产品产量和质量等。在选择裂解气分离流程时，要充分考虑裂解原料的特点，主要产品及对产品的质量要求，冷量的提供及匹配方案，技术及设备条件等因素。乙烯-乙烷、丙烯-丙烷的相对挥发度都很小，因此分离困难；而脱甲烷塔、脱乙烷塔、脱丙烷塔的关键组分相对挥发度大，分离相对容易。分离流程的共同特点是采用先易后难的分离程序，可使影响因素减少、操作简化。

（二）脱甲烷过程

脱甲烷过程是从裂解气中脱除 H_2 和 CH_4 的过程。脱甲烷过程的分离界限是甲烷和乙烯。它包括脱甲烷、乙烯回收和富氢提取三部分。脱甲烷过程操作涉及-100℃左右的多个冷级，低温的获得与冷箱的使用密切相关。

1. 冷箱

冷箱是在-100～-170℃低温下操作的换热设备。由于温度低冷量容易散失，因此把高效板式换热器、气液分离罐、节流膨胀阀都放在填满绝热材料（珠光砂）的方形容器内，习惯上称为冷箱。其作用是通过低温换热，使烃类液化制取高纯度富氢气体，并减少尾气中乙烯的含量。根据冷箱在工艺流程中的不同位置，脱甲烷过程可分为后冷（后脱氢）和前冷（前脱氢）两种不同的工艺过程。前冷工艺流程是指将冷箱放在脱甲烷塔之前处理被分离馏分。

2. 脱甲烷

不论哪种分离流程，脱甲烷塔都是温度最低的塔，作用是将 H_2、CH_4、惰性气体与乙烯及乙烯以上重组分分离开来。为减少脱甲烷塔中乙烯的损失，该塔在-100℃以下的低温操作。为确保釜液中甲烷含量少，以利于下游精馏塔的正常操作，塔釜需要有较高的温度。因此，此塔是裂解气分离流程中技术最复杂、设备费用和操作费用最高的一部分。

（1）影响脱甲烷塔的操作因素

①原料气组成。裂解气中含比乙烯轻的组分主要是甲烷和氢。用丙烷以上的烃为裂解原料时，甲烷含量为27%～36%，氢含量为9%～16%，而甲烷与氢的摩尔比又直接影响脱甲烷塔顶气中乙烯含量的多少。这一点用露点方程分析非常明显。如果脱甲烷塔顶 C_3、C_4 馏分的摩尔分数为0，塔顶只有 H_2、CH_4、$C_2^=$ 及 C_2^0（微量），塔顶露点方程为：

$$\sum_{i=H_2}^{C_4}\frac{y_i}{k_i}=\frac{y_{H_2}}{k_{H_2}}+\frac{y_{CH_4}}{k_{CH_4}}+\frac{y_{C_2H_4}}{k_{C_2H_4}}+\frac{y_{C_2H_6}}{k_{C_2H_6}}=1 \tag{2-18}$$

若 y_{H_2}/y_{CH_4} 增加，则露点温度降低；如果塔顶温度维持一定，必然 $y_{C_2H_4}$ 和 $y_{C_2H_6}$ 增加。因此，在一定温度、压力下，必然有一部分乙烯损失掉以满足塔顶露点要求，原料气中甲烷和氢的比值越大，脱甲烷塔顶冷凝器尾气中乙烯的损失就越小。

②操作压力。提高操作压力，有利于减少尾气中的乙烯损失，但是压力增大，甲烷对乙烯的相对挥发度降低。这对组分的分离是不利的，要达到同样的分离要求，必须增加塔板数和回流量，从而加大了耐低温合金钢和冷量的消耗。

③操作温度。降低塔的操作温度可以减少尾气中的乙烯损失。在塔压为 3~3.5MPa 范围内，塔顶温度越低，乙烯损失越小。实践经验表明，塔顶温度升到-75℃时，尾气中乙烯含量可高达 12.6%（摩尔）。塔温降低可使甲烷对乙烯的相对挥发度增大，对分离有利。但是，塔顶温度首先受到制冷剂最低温度的限制。如用乙烯做制冷剂，最低温度只能达到-95℃左右，脱甲烷塔顶温度一般为-90~-95℃，这时必然有一定量的乙烯损失。若要降低到更低温度，只有用甲烷或氢做冷剂，增加一级复迭制冷，设备费用和操作费用会增加。

综上所述，影响乙烯损失的因素有三个，即原料中甲烷与氢的比例大小、塔的操作压力与温度。这三者相互影响的规律：甲烷与氢的摩尔比增大，相对挥发度则下降，尾气中乙烯含量亦降低；降低温度，既可使相对挥发度增大，又使尾气中乙烯含量降低；增大压力，可使尾气中乙烯含量降低，但造成甲烷对乙烯的相对挥发度减小。就温度和压力的相互关系而言，当甲烷与氢摩尔比一定、尾气中乙烯含量一定时，若不用太高的压力，温度就要更低，若不用太低的温度，压力就要高一些。显然，采用低温对操作是有利的，但须用甲烷-乙烯-丙烯三元复迭制冷系统，须用大量耐低温合金钢材。提高压力和降低温度都需要消耗能量，但采用过高压力时甲烷对乙烯的相对挥发度下降，特别是塔底甲烷对乙烯相当挥发度接近 1，甲烷和乙烯就很难分离，塔釜出料中将带出大量甲烷，将在后续分离中直接影响乙烯的纯度。

（2）脱甲烷流程

深冷法脱甲烷的工艺过程可分为高压法和低压法两种。

①高压法脱甲烷工艺。选用操作压力为 2.94~3.53MPa，利用-100℃的乙烯制冷剂控制塔顶温度为-96℃。塔釜用丙烯制冷的丙烯蒸气做加热介质，用热泵原理加热，釜温通常控制在 6~10℃。高压法脱甲烷技术成熟，操作简单，耐低温设备数量少，塔顶馏出的甲烷馏分可以通过膨胀机得到额外的冷量。由于能量利用合理，所以被广泛采用。经干燥并预冷至-37℃的裂解气在第一气液分离器中分离，凝液送入脱甲烷塔，未冷凝气体经冷

箱和乙烯制冷剂冷却至-72℃后进入第二气液分离器。第二分离器的冷凝液送入脱甲烷塔，未冷凝气经冷箱和乙烯制冷剂冷却至-98℃后进入第三气液分离器。第三分离器的冷凝液经回热后进入脱甲烷塔，未冷凝气经冷箱冷却到-130℃后进入第四气液分离器。第四分离器中冷凝液经冷箱换热至-102℃进脱甲烷塔，未冷凝气是含氢约70%、含乙烯仅0.16%的富氢气体。富氢气再经冷箱冷却至-165℃后送入第五气液分离器。第五分离器冷凝液减压节流、冷量回收后作为装置的低压甲烷产品；未冷凝气为含氢90%以上的富氢气体，经冷量回收、甲烷化脱除CO作为富氢产品。

脱甲烷塔顶气体经塔顶冷凝器冷却至-98℃而部分冷凝，冷凝液部分回流，部分减压节流至0.41MPa，经回收冷量后作为装置的中压产品。未冷凝气则经回收冷量后作为高压甲烷产品。

②低压法脱甲烷工艺。选取操作压力为0.18~0.25MPa。由于压力低，有利于甲烷与乙烯的分离，虽然需要低温制冷剂，但因容易分离，低压法每吨乙烯的能量消耗仍比高压法低。因此，高压（3.53MPa）下脱氢，低压下脱甲烷的工艺仍被许多装置采用。

3. 乙烯回收和富氢提取

为了减少乙烯损失，降低乙烯成本，保证乙烯产量，对损失掉的乙烯要尽量回收。当压力为3.3MPa、温度为-100℃时，尾气中乙烯含量接近1.5%（摩尔），这个损失量是很可观的，一定要加以回收。回收的办法是将低温高压尾气在冷箱中降温，节流再降温，将其中乙烯冷凝下来。如再进一步降温，不但可回收更多的乙烯，还可将一部分甲烷也冷凝下来，这样尾气中氢的浓度提高了，即可得到富氢。富氢作为后加氢脱炔反应的配氢用，也可做裂解轻油加氢反应之配氢用。

富氢的提取是在冷箱中进行的。冷箱在深冷分离流程中的位置不是固定不变的。冷箱放在脱甲烷塔之前时，称为前脱氢（又称前冷）。当冷箱放在脱甲烷塔之后时，称为后脱氢（又称后冷）。与之相应组成的工艺流程，称之为前脱氢工艺流程和后脱氢工艺流程。

（1）后脱氢生产工艺

主要包括尾气中乙烯回收和富氢提取两部分。后脱氢工艺流程是由脱甲烷塔（主要是脱除甲烷-氢）、一级冷箱（主要是回收乙烯）与二级冷箱（主要是提取富氢）三个设备组成。其中回收乙烯和提取富氢就是通过闪蒸过程来完成的。

（2）前脱氢工艺流程

也是由乙烯回收与富氢提取两部分组成。进料在冷箱中经逐级分凝，把重组分先冷凝下来，然后在低温下冷凝乙烯乙烷，最后在更低温度下将部分甲烷也冷凝下来，再分多股进入脱甲烷塔。大部分氢留在气体中作为富氢回收。由于进料中脱除了大部分氢，使进料中氢含量下降，提高了脱甲烷塔进料中 CH_4/H_2 摩尔比，尾气中乙烯含量下降。这样前脱氢工艺实际上起到了回收乙烯与提取富氢两个作用。

由于前脱氢进料中的重组分逐级被冷凝，比将气体全部送入脱甲烷塔节省了冷量。多放进料对脱甲烷塔的操作比单股进料好，重组分进塔的下部，轻组分进塔的上部，这等于进料前已做了预分离，减轻了脱甲塔的分离负担。此外，由于温度可降至-170℃左右，所以富氢的浓度可高达 90%~95%，这些优点都优于后脱氢工艺流程，不过它的操作控制比较复杂和困难。

（3）富氢提纯

从冷箱出来的富氢馏分中主要含有氢，另一部分是甲烷和少量一氧化碳（约 0.55%）、有机硫等杂质。这些杂质的存在不但影响乙烯产品质量，也会使脱炔催化剂中毒，影响脱炔反应。为此，必须将富氢馏分提纯后才能作为加氢脱炔的氢气用。

在富氢馏分中有机硫含量很少，可用氧化锌除去。一般是将富氢气体预热到 150℃左右通过氧化锌固定床反应器，这样有机硫可达到 1μL/L 以下。

将脱硫后的富氢加热至 200~220℃，通过 Ni/α-Al2O3 催化剂层，发生甲烷化反应脱除 CO，便可作为加氢脱炔的氢源。

（三）乙烯精馏过程

进入乙烯精馏塔的馏分是 C_2 馏分，除含有乙烯、乙烷外，还含有少量甲烷，微量的丙烯、丙烷，如果是后加氢馏分，还含有少量的氢气。乙烯精馏塔的任务是将 C_2 馏分中的乙烯从其他组分中提取出来。乙烯精馏过程包括二次脱甲烷和乙烯精馏。

1. 二次脱甲烷与乙烯精馏

二次脱甲烷是将后加氢脱炔带入 C_2 馏分的 H_4 和 CH_4 脱除，或将前加氢流程中未彻底脱除的 CH_4 予以脱除。这一过程通常用第二脱甲烷塔完成，但近年来的做法都是将第二脱甲烷塔与乙烯精馏塔合并，设计出侧线液相采出合格乙烯产品的复杂精馏塔，侧线以上相当于第二脱甲烷塔，侧线以下相当于乙烯精馏塔，两塔合一塔，减少了第二脱甲烷塔，简化了流程，节省了冷量。

2. 影响乙烯回收率的因素分析

乙烯生产物料平衡：乙烯回收率的高低对工厂的经济性有很大的影响，它是评价乙烯分离装置是否先进的一个重要指标。

①原料组成的影响：原料气中惰性介质、氢气等含量对尾气中乙烯含量影响很大，尾气中毕竟惰性介质、乙烯等含量相对较低，主要组分是 CH_4、H_2，且 $\sum y_i=1$，如果 y_{H_2}

增加，则 y_{CH_4} 减小，由露点方程可知，露点温度降低，冷箱温度没调下来（高于露点）之前，尾气中乙烯含量升高，损失增加。

②压力。压力升高，各组分间相对挥发度减小，为达到乙烯纯度和回收率，须增加塔板数和回流比，对乙烯分离的经济性不利。但压力减小，塔顶温度降低，塔顶冷凝器的温度也下降，从而提高冷量能级，这就需要较低温度级的制冷剂，对钢材的耐低温要求也增加。乙烯精馏塔的操作有高压法（压力 2MPa 左右）和低压法（0.57MPa 左右）两种。

③温度。压力一定时，降低温度，乙烯对乙烷的相对挥发度增大，对乙烯乙烷分离有利，但塔顶温度降低，使低温钢材耗量和总能耗增加。

综上所述，乙烯产品纯度要求 99.9%，随着越来越接近塔顶，乙烯浓度增加，乙烯对乙烷的相对挥发度减小，分离难度增加，需要加大的操作回流比保证乙烯产品的合格。

当操作压力为 0.6MPa 和 1.9MPa 时，相应的塔顶温度分别为-67℃和-29℃。一般情况下以丙烯为制冷剂使塔顶气体冷凝较为方便经济，所以多采用高压法（1.96MPa），使塔顶温度不很低，且利用自身压力可将乙烯产品送出，不须输送泵。乙烯精馏塔精馏段塔板数比提馏段多，说明乙烯浓度在精馏段变化很慢。因此精馏段保持较大的回流比十分必要。但对提馏段就没有必要了。采用中间再沸器也是克服这一矛盾的有效方法。例如，操作压力为 1.960 2MPa，塔底温度为-5℃时，可在接近进料板处提馏段设置中间再沸器引出物料的温度为-23℃，将它用于冷却分离某些物料，相当于回收了部分-23℃温度级的冷量。

3. 侧线采出的乙烯精馏工艺

来自后加氢反应器的 C_2 馏分（前加氢时来自脱乙烷塔顶的 C_2 馏分）从第 79 块塔板进入乙烯精馏塔，由第 8 块塔板侧线抽出液态乙烯产品进入乙烯产品罐，部分由回流泵打回乙烯塔做回流，部分作为制冷剂然后采出。塔顶气体经-40℃制冷剂冷凝器冷凝后进入塔顶分离罐分离，液态部分回流，不凝气用-62℃乙烯制冷剂冷却回收其中的乙烯，尾气返回循环压缩机回收乙烯。从第 86 块塔板采出液相成分进中间再沸器回收-23℃的冷量后气相返回第 87 块塔板。全塔 109 块塔板，塔釜采出乙烷，釜温-5℃。

（四）丙烯精馏过程

丙烯精馏塔就是分离丙烯-丙烷的塔，塔顶得到丙烯，塔底得到丙烷。由于丙烯-丙烷的相对挥发度很小，彼此不易分离，要达到分离目的，就得增加塔板数、加大回流比，所以，丙烯塔是分离系统中塔板数最多、回流比最大的一个塔，也是运转费和投资费较多的一个塔。在生产聚合级丙烯产品时，丙烯精馏塔的实际塔板数大多在 200~240 块之间，相应的塔高一般在85~90m以上。因此，一些工厂采用双塔丙烯精馏工艺流程以降低单塔高度。同时可在较小回流比之下获得较高纯度的丙烯产品。

丙烯精馏塔的操作也有高压法和低压法两种。

①低压法。压力在0.68~1.27MPa，塔顶温度约23℃，塔釜温度约25℃，相对挥发度增加了一点，可以采用开式热泵系统给塔顶制冷，同时给塔釜加热。低压法的操作压力低，有利于提高物料的相对挥发度，从而塔板数和回流比就可减少。由于此时塔顶温度低于环境温度，故塔顶蒸气不能用工业水来冷凝，必须采用制冷剂才能达到凝液回流的目的。工业上往往采用热泵系统。丙烯制冷剂与产品丙烯混合在一起。压缩机出口丙烯作为再沸器加热介质，同时在此冷凝。冷凝的丙烯减压节流后送入回流罐，回流罐中的丙烯液体一部分作为产品输出，一部分作为塔顶回流。回流罐中闪蒸的气态丙烯和塔顶气态丙烯均进入丙烯压缩机进行压缩。

②高压法。压力在1.8MPa左右，塔顶温度约41℃，可以用冷却水冷凝，塔釜温度约50℃，可用低压蒸汽加热，回流比大，塔板数多。高压法的塔顶蒸汽冷凝温度高于环境温度，因此，可以用工业水进行冷凝，产生凝液回流。塔釜用急冷水（目前较多的是利用水洗塔出来的约85℃以上温度的急冷水做加热介质）或低压蒸汽进行加热，这样设备简单，易于操作。缺点是回流比大，塔板数多。塔顶为水冷却，塔釜为急冷水加热。仅就丙烯精馏过程而言，高压精馏所需塔釜供热量和塔顶冷凝热负荷比低压精馏时高。但对馏分油裂解装置而言，急冷水尚需在循环过程用冷却水冷却，而用急冷水加热丙烯塔再沸器，无论从塔釜加热和塔顶冷却来看，并不增加全装置和冷却水负荷。而高压精馏的电耗比低压精馏低得多，相应高压精馏的运转费用明显低于低压精馏。因此，在有急冷水可供利用时，低压精馏的热泵流程基本上均被急冷水加热的高压精馏流程所取代。

（五）深冷分离过程中的冷量合理利用

能量的回收及利用是化工厂的重要问题，能耗的增加直接导致产品成本增加。能量的回收和及时利用，体现了工艺流程及技术的先进水平。深冷分离过程中能级大部分表现为冷量。冷量的合理利用主要表现在以下四方面：

1. 脱甲烷塔采用逐渐冷凝多股进料

在脱甲烷前冷流程中，经压缩后的裂解气，先后经水、0℃级丙烯、-20℃级丙烯、-43℃级乙烯冷却至-37℃进行分凝。凝液作为脱甲烷塔的第一股进料；不凝气经过-75℃、-101℃乙烯冷剂冷凝冷却，然后又用甲烷制冷和节流膨胀制冷，最后分成-75.8℃、-98.5℃、-115.6℃、-135.6℃四股进料进入脱甲烷塔。进入脱甲烷塔的物料采用逐渐分凝措施，不仅减小了低温制冷剂使用量，降低了能量消耗，而且每股物料的温度依次降低，与脱甲烷塔板自下而上的温度轻组分浓度降低相适应，相当于在塔外对裂解气进行了预分离，减小了塔的分离负荷，节省了能量费用和设备费用。

2. 采用中间冷凝器和中间再沸器

对于塔顶塔釜温差较大的精馏塔，如果在精馏段中间设置冷凝器，则可以用冷冻温度级比塔顶回流冷凝器稍高的廉价的制冷剂做冷源，来代替一部分原来要用低温制冷剂提供的冷量，从而节省了能量消耗。同理，在提馏段设置中间再沸器，可以用温度比塔釜再沸器稍低的廉价制热剂作为热源。脱甲烷塔和乙烯精馏塔的塔釜温度均低于环境温度，如果在提馏段设置中间再沸器，就可以回收比塔釜温度更低的冷量。

由于脱甲烷塔顶塔釜温度较大，设置中间再沸器能明显地节省能量，估计能省27%，中间再沸器和中间冷凝器负荷大时，塔顶冷凝器和塔釜再沸器的负荷减低，会导致精馏段回流比与提馏段的蒸气比减小，故要相应地增加塔板数，从而使投资费用增加。

总之，要根据工艺要求和具体情况，对比各因素的相互影响进行权衡，来选择中间再沸器和中间冷凝器的适当位置，一般靠近加料口附近。

3. 采用热泵系统

热泵是指将压缩制冷循环与精馏塔的操作结合起来，利用同一种工质既给精馏塔顶供冷，又给塔釜供热的系统。

深冷分离过程中使用开式热泵，不仅降低了能量的消耗，而且省去了昂贵的耐低温换热器、回流罐，有时是回流泵等设备。因为换热工质就是丙烯、乙烯，就地取材，更节约了购买工质的费用。如果和深冷分离过程中制冷剂的制取结合起来，经济效果更好。

构成A型开式热泵的必要条件是塔顶介质的临界温度高于塔釜温度。构成B型开式热泵的必要条件是塔底介质的沸点低于塔顶温度。并不是所有场合构成的热泵系统都是经济的，如可用工厂废热水作为打底加热介质，用工厂冷水或空气作为冷却介质时，在经济上更为合理。要构成热泵系统对于塔釜温度低于环境温度是合理的。

4. 乙烯精馏塔侧线出料

采用侧线采出乙烯精馏塔的优点是：节省了第二脱乙烷塔，简化了流程，又节省了能量消耗。对于侧线采出的精馏塔，有时是从提馏段侧线气相采出某组分，效果和精馏段侧线液相采出组分是一样的。

六、裂解气深冷分离过程安全技术

（一）物质的安全性

裂解气深冷分离过程所涉及的物质主要是氢气和相关烃类、CO_2、H_2S，还有一些碱，这些物质的危险性在其他章节已做了介绍，这里不再重复。

（二）压缩过程安全技术

裂解气中许多组分都为低级烃类，在常压下都是气体，其沸点都很低。如果在常压下进行各组分的冷凝分离，则分离温度很低，需要大量冷量。为了使分离温度不太低，可以适当提高分离压力。

分离压力高时，则分离温度也高；压力高时，使精馏塔塔釜温度升高，易引起重组分聚合，增加分离难度。低压下，塔釜温度低，不易发生聚合；相对挥发度大，分离较容易。

气体压缩是采用多段压缩，段与段间设置中间冷却器。经过压缩，裂解气的压力提高，温度上升，重组分中的二烯烃能发生聚合，生成的聚合物或焦油沉积在离心式压缩机的扩压器内，严重地危及操作的正常进行。因此，在压缩机的每段入口处常喷入雾状油，使喷入量正好能湿润压缩机通道，以防聚合物和焦油的沉积。二烯烃的聚合速度与温度有关，温度愈高，聚合速度愈快。为了避免聚合现象发生，必须控制每段压缩后气体温度不高于100℃。这就要求每段的压缩比在2左右，共设4~5个压缩段。

（三）压缩机、风机、透平机、泵等设备劣化和失效的主要形式及原因

烃类裂解和分离过程所涉及的机泵类设备是很多的，这类设备的安全状况对生产过程影响很大。机泵类设备出现故障的原因主要有以下五种形式：

1. 机械磨损

机械磨损所引起的某些零件损伤，在机泵设备劣化形式中所占的比例最大。无论是回转式还是往复式、屏蔽式还是非屏蔽式，都存在程度不同、种类不同的磨损。磨损主要存在于机泵的动静零部件互相接触的部位。比如，轴颈与轴承、啮合的螺杆或齿轮之间、螺杆或齿轮与压缩机或泵的缸体之间、机械密封的动环与静压之间、压缩机缸内的迷宫密封齿与转子的轴套及叶轮之间、泵内部的叶轮与口环及耐磨套之间、往复压缩机或泵的活塞杆与填料之间等，都存在因为零部件之间相互接触，又有相对位移而产生的磨损。接触部位的材料耐磨性能越好，相互间的作用力越小；润滑条件越好，相对位移的速度越小，则磨损越轻；反之，则磨损越严重。

动静零部件之间的相对运动的方式不同，结构形状不同；受力不同，其磨损后的形态也不同。比如，做回转运动的零件及与之相接触的静止件的磨损，其磨损方向为圆周方向，如果接触面上的受力是均匀的，那么其磨损的结果是均匀磨损。做往复运动的零件及与之相接触的静止件的磨损均沿轴向分布。离心泵、离心式压缩机、鼓风机、通风机以及轴流压缩机、风机、各种回转泵的轴颈与轴承，转子与缸内的级间密封以及轴端的各种密封部位，都是产生圆周方向的均匀的或不均匀的磨损，其结果往往表现为内外圆变大或变小、产生椭圆、有锥度、出现圆周向沟槽等。往复式机泵的轴颈与轴承、轴封部位的磨损也沿圆周方向呈均匀地或不均匀地分布，但是其活塞、活塞杆、柱塞以及相应的缸套、填料函的磨损是轴向磨损，通常表现为表面有轴向沟槽，而活塞环则为沿径向的磨损不均匀等。对齿轮泵、螺杆泵、螺杆式压缩机，齿面及螺纹面的磨损主要沿相互作用力的方向发展，表现为齿厚减薄、啮合间隙增大等。还有一种磨损称作微动磨损，存在于联轴节的啮合齿齿面、连接弹性圈以及某些松配合的推力盘与轴的配合面等部位。

2. 由介质产生的腐蚀、冲蚀、汽蚀和磨蚀

当介质带有腐蚀性时（相对于机泵的材料而言），会对机泵的壳体、叶轮、轴套、隔板等零部件产生程度不同、性质不同的腐蚀作用。由于介质在机泵内的流速明显高于在一般静止设备中的流速，使下述的一些工况存在时，介质对机泵的腐蚀、冲蚀、汽蚀和磨蚀作用明显强于静止设备：

（1）介质为气固两相（如烟气轮机，烟气中有催化剂粉尘）。

（2）介质为固液两相（如炼油厂焦化装置中的原料泵，渣油中含有焦炭颗粒；催化裂化装置中的油浆泵，油中含有催化剂；水处理厂的泥浆泵，水中含有泥沙）。

（3）介质为气液两相（如凝汽式蒸汽透平，末级的蒸汽中含水分；凉水塔的循环水泵及冷凝液泵，在叶轮入口处因流速提高而使水存在汽化现象；气体压缩机段间冷却后的入口，空气或工艺气中因冷却而产生的冷凝液滴）。

以上三种情况，都是由于在金属表面不能很好地形成起保护作用的氧化膜而使腐蚀的速度明显加快。对某些腐蚀性介质，如环烷酸含量较高的减压塔，常压塔的塔底出料泵，由于介质中的环烷酸的腐蚀性本身与介质流速高低关系很密切，对于这类泵，介质即使是单相，也会因介质流速高而使叶轮、壳体等主要部件受到严重的腐蚀。

介质对机泵的汽蚀、冲蚀、磨蚀作用的结果是使机泵的某些主要部件，如叶轮、轴套、壳体的有效厚度减薄，强度下降。但是，某些介质，如硫化氢等，对机泵的损伤并不使零部件减薄，而是使零部件产生氢鼓泡或表面产生应力腐蚀疲劳开裂等现象，其结果同样使零部件的强度下降。

3. 操作不当引起的损伤

各种操作不当或误操作都可能对机泵产生各种形式的程度不同的损伤。

（1）机泵的超速，会明显地增加叶轮、叶片由离心力所产生的应力，严重时会引起叶根的断裂及轮盘的变形或破裂。

（2）润滑不良、油压不足或油温过高过低，都会引起轴承及轴颈的严重磨损。

（3）过高的入口气体温度会改变机泵的内部间隙，并可能增加动、静零部件之间的摩擦及受力部件的变形。

（4）压缩机的喘振及在临界转速下长期运转，都可能使转子因振动加剧而受到巨大的冲击载荷及动载荷而发生疲劳断裂。

4. 过大的接管安装应力引起壳体变形

大型高转速的离心泵、离心压缩机、轴流压缩机及蒸汽透平等，均属高速轻载机械，在设计时，其缸体、支座的强度均按无配管安装应力或很低的安装应力来考虑。如果与这些大型高速轻载机泵的连接管道的设计不合理，安装不正确，就可能使这些机泵的壳体及支撑因受到了超过设计允许的配管应力而变形或开裂。缸体的变形及位移最容易影响这类机泵的转子与转子之间的对中，不良的对中将引起轴系的严重振动。严重的缸体变形还可能引起缸内动、静零部件产生不应有的摩擦，使缸体的接管处甚至可能产生开裂。

5. 基础受到的损伤

机泵设备在运行中产生的各种形式的振动，尤其是往复式机泵的不平衡力载荷、大气及周围环境的腐蚀作用等，都会对机泵的基础及底板产生损伤。往复式机泵的基础周期地受到机泵所产生的不平衡力，尤其当机泵的润滑油沿着基础的地面部分渗入基础的地下部分时，整个基础容易因受大的疲劳载荷作用而发生沉陷、开裂等损伤。当机泵运行时长期处于强烈振动的状况时，其地脚螺栓也容易因疲劳而断裂。

第三章　催化氧化反应及安全技术

第一节　催化氧化反应概述

一、催化氧化反应在化学工业中的重要性

烃类催化氧化技术是有机化工反应中的一大类重要反应。通过这类反应主要合成如表3-1所列出的氧化产品。这些物质是重要的化工原料或中间产品，在化工生产中应用极其广泛。

表 3-1　催化氧化反应的重要产品

醇类	醛类	酮类	酸类	酸酐和酯	环氧化合物	有机过氧化合物	有机腈	二烯烃
乙二醇	甲醛	丙酮	醋酸	醋酐	环氧乙烷	过氧化氢异丙苯	丙烯腈	丁二烯
高级醇	乙醛	甲乙酮	丙烯酸	苯酐	环氧丙烷	过氧化氢乙苯	苯二腈	
环己醇	丙烯醛	环己酮	甲基丙烯酸	顺酐		过氧化氢异丁烷	甲基丙烯腈	
			己二酸	均苯四酸二酐			苯二腈	
			对苯二甲酸	醋酸乙酯				
			高级脂肪酸	丙烯酸酯				

二、氧化反应的类型

按反应产物的类型，氧化反应分为完全氧化反应，即反应物中的碳原子与氧化合生成CO_2，氢原子与氧结合生成水的反应过程；以及部分氧化，又称选择性氧化，即指烃类及其衍生物中少量氢原子（有时还有少量碳原子）与氧化剂（通常是氧）发生作用，而其他氢和碳原子不与氧化剂反应的过程。

按反应相态，分为均相催化氧化反应和非均相催化氧化反应。均相催化氧化又包括催化自氧化、络合催化氧化、液相环氧化等。非均相催化氧化包括气固固定床、流化床催化氧化过程。

（一）均相催化氧化反应

1. 催化自氧化反应

催化氧化是指在一定压力和温度条件下，烃类物质被氧化后，产生一种自由基，这种自由基的存在越多，氧化反应加速越甚。

（1）催化自氧化反应机理

链的引发：
$$RH + O_2 \xrightarrow{k_i} R\cdot + \cdot HO_2 \quad (3-1)$$

链的传递：
$$R\cdot + O_2 \xrightarrow{k_1} ROO\cdot \quad (3-2)$$

$$ROO\cdot + RH \xrightarrow{k_2} R\cdot + ROOH \quad (3-3)$$

链的终止：
$$R\cdot + R\cdot \xrightarrow{k_3} R-R \quad (3-4)$$

上述三个步骤，决定性步骤是链的引发过程，需要克服很大的活化能。

（2）催化剂和氧化促进剂

常使用的催化剂是过渡金属的水溶性或油溶性的有机盐，常用的是醋酸钴、丁酸钴、环烷酸钴、醋酸锰等。一般钴盐的催化效率较好。从实践效果看，这类催化剂的作用有以下两点：

①加速链的引发，缩短或消除反应的诱导期。

②加速 ROOH 的分解，促进氧化产物醇、醛、酮、酸的生成。

催化剂的加入方式通常是先将二价钴盐（或锰盐）转化为有机盐（醋酸盐、丁酸盐、环烷酸盐），并溶于溶剂（通常是醋酸）中，然后加入反应系统。催化剂用量一般小于1%。

有些烃类或有机物的自氧化反应在上述催化剂作用下，反应诱导期仍然很长，例如环己烷氧化制己二酸时，如果仅用醋酸钴作为催化剂，当反应温度90℃时，诱导期需7h左右。在上述情况下，为了缩短反应诱导期，或加快某一步的氧化反应速率，就须同时加入氧化促进剂。工业上常用的氧化促进剂有两类，一类是有机含氧化合物，如三聚乙醛、乙醛或甲乙酮等。在催化剂和氧化促进剂同时使用时，反应可在较低温度下顺利进行，而获得高收率的目的氧化产物。

三聚乙醛是比乙醛或甲乙酮更有效的促进剂。氧化促进剂的加入量视具体反应而定。例如环己烷氧化制己二酸时，只须加入少量乙醛，就能有效缩短反应诱导期，而二甲苯氧化时三聚乙醛的加入量与原料的摩尔比接近1（以乙醛计）。

另一类氧化促进剂是溴化物，常用的有溴化铵、四溴乙烷、四溴化碳等。溴自由基有强烈的吸氢作用而引发自由基的生成。但用溴化物做促进剂往往需要较高的反应温度和压力，对设备的腐蚀性较严重，产物精制也较困难。同时要注意在大多数的情况下，原料中的水和硫化物能消耗自由基，是反应的阻化剂。

2. 络合催化氧化

络合催化氧化所使用的催化剂是过渡金属的络合物，最主要的是 Pd 络合物。络合催化氧化过程中，催化剂的过渡金属中心原子与反应物分子构成配位键使其活化，并在配位上进行反应。

（二）气固相催化氧化

气固相催化氧化是烃类和氧气在固体催化剂表面进行化学反应的过程，这类反应可在固定床或流化床反应器中完成。重要的气固相催化氧化反应有六种。

1. 烷烃的催化氧化。
2. 烯烃的直接环氧化乙烯环氧化制取环氧乙烷。
3. 丙烯基氧化反应。
4. 烯经的乙酰基氧化反应。
5. 芳烃的催化氧化。
6. 醇的氧化。

三、氧化反应的一些共同特点

（一）氧化剂

要在烃类或其他有机化合物分子中引入氧，可采用的氧化剂有多种，在化学工业的大量化工产品生产中，应用最大的氧化剂是气态氧，可以是空气或纯氧。以气态氧做氧化剂，其来源丰富，无腐蚀性，但氧化能力较弱。故以气态氧为氧化剂时，一般必须使用催化剂。有些反应同时还必须使用高温。以空气为氧化剂的优点是容易获得，但动力消耗较大，排放废气量大。用纯氧为氧化剂，优点是排放废气量少，反应设备体积也较小，但需要空分装置。

以气态氧为氧化剂，“物料–氧”或“物料–空气”所组成的系统在很广的浓度范围内形成爆炸混合物，故在生产上或工艺条件的选择和控制方面必须注意安全，必须注意爆炸极限的问题。

（二）强放热反应

氧化反应是强放热反应，尤其是完全氧化反应，释放的热量比部分氧化反应大 8~10

倍，故在反应过程中反应热的移出是很关键的问题。如反应热不能及时移出，将会使反应温度迅速上升，结果必然会导致大量完全氧化反应发生，选择性明显下降，致使反应温度无法控制，甚至发生爆炸。

（三）热力学上都很有利

烃类和其他有机化合物氧化反应的都有很大的负值，在热力学上都很有利。尤其是完全氧化反应，在热力学上占绝对优势。

（四）多种途径经受氧化

烃类是用来制备各种氧化产品的重要原料，但烃类最终的氧化产物都是 CO_2 和 H_2O，而所需的目的产品都是中间产物。在许多情况下，氧往往能以多种形式向烃分子进攻，使其以不同途径氧化，转化为不同的氧化产物。对于这样一个存在着平行和连串反应相互竞争的复杂反应系统，要使反应尽可能朝着所要求的方向进行，获得所需的目的产物，必须选择合适的催化剂和工艺条件，而关键是催化剂。

四、催化氧化反应的安全操作技术

催化氧化过程不论是气液相反应体系还是气固相反应体系，都是以空气或纯氧作为氧化剂，可燃的烃或其他有机物与空气或氧气混合形成气态混合物，在一定的温度范围内引燃（明火、高温或静电火花等）就会发生分支连锁反应，火焰迅速传布，在短时间内温度急剧升高，压力也会剧增，而引起爆炸。此浓度范围称为爆炸极限，一般以体积浓度表示，是由试验方法求得。部分烃类和可燃有机物的与氧或空气气态混合物的爆炸极限可在有关手册上查到。但要注意，爆炸极限浓度与试验条件（温度、压力、引燃方式）等有关，与气体混合物的组成也有关。特别是惰性介质的加入能提高氧的极限浓度，有利于安全生产。

五、催化氧化的反应设备

（一）气液相反应器

液相自氧化反应具有如下特征：是气液相反应，氧的传递过程对氧化反应速率起着重要的作用；反应时有大量热量放出；介质往往具有强腐蚀性；原料、中间产物，甚至产物与空气或氧形成爆炸混合物，具有爆炸危险。故采用的反应器必须是能提供充分的氧接触表面；能有效地移走反应热；设备材料必须耐腐蚀；并须有安全装置，同时返混程度要满足具体的反应要求。

工业上常用的是鼓泡塔式反应器，气体分布装置一般采用多孔分布板或多孔管。去除反应热的方式可以在反应器内设置冷却盘管或采用外循环冷却器。

（二）气固相反应器

气固相催化氧化反应都是强放热反应，而且都伴随着完全氧化副反应的发生，温度高，完全氧化反应有不同程度加速，放热更为剧烈，故采用的氧化反应器形式必须能及时移走反应热和控制适宜反应温度，避免局部过热。工业上常用的有两种：列管式固定床反应器和流化床反应器。

1. 列管式固定床反应器

（1）列管式固定床反应器的结构

列管式固定床反应器的外壳为钢制圆筒，考虑到受热膨胀，常设有膨胀圈。反应管按正三角形排列，管数须视生产能力而定，可自数百根至万根以上。管内填装催化剂，管间走载热体。为了减少管中催化床层的径向温差，一般采用小管径，常用的为 φ25～30mm 的无缝钢管，但采用小管径，管子数目要相应增多，使反应器造价昂贵。近年来倾向于采用较大管径（φ38～42mm），同时相应增加管的长度，以增大气体流速，强化传热效率。但反应管长度增加，气体通过催化床层的阻力增大，动力消耗增加，为了降低床层阻力，常采用球形催化剂。反应温度用插在反应管中的热电偶来测量，为了能测到不同截面和高度的温度，须选择不同位置的管子数根，将热电偶插在不同高度。反应器的上下部都设有分布板，使气流分布均匀。

载热体在管间流动或汽化以移走反应热。对于这类强放热反应，合理地选择载热体和载热体的温度控制方案，是保持氧化反应能稳定进行的关键。载热体的温度与反应温度的温差宜小，但又必须移走反应过程释放出的大量热量，这就要求有大的传热面和大的传热系数。反应温度不同，所用载热体也不同。一般反应温度在 240℃以下宜采用加压热水作载热体。反应温度在 250～300℃可采用挥发性低的矿物油或联苯–联苯醚混合物等有机载热体。反应温度在 300℃以上则须用熔盐作载热体。熔盐的组成（质量分数，熔点 142℃）为 $KNO_3$53%，$NaNO_3$7%，$NaN0_2$40%。

乙烯氧化制环氧乙烷，乙烯乙酰氧基化制醋酸乙烯都可采用这样的反应装置。以加压热水做载热体，主要借水的汽化以移走反应热，传热效率高，有利于催化床层温度控制，提高反应的选择性。加压热水的进出口温差一般只有 2℃左右，利用反应热直接产生高压（或中压）水蒸气移走反应热。但反应器的外壳要承受较高的压力，故设备投资费用较大。

（2）固定床反应器的温度分布和热稳定性

对于强放热的氧化反应，固定床反应器径向和轴向都有温差，如果催化剂的导热性能良好，而气体流速又较快，则径向温度可较小。轴向温度分布取决于管内的放热速率和管外的移热速率沿轴向的数值大小的改变。实践表明，放热反应过程中，固定床反应器在轴向存在一个“热点”温度，热点温度之前，放热速率大于移热速率；“热点”温度之后，放热速率小于移热速率。如果放热速率大于移热速率较大，还会导致“飞温”现象，烧毁催化剂和反应器，或导致反应爆炸。

要消除“热点”或“飞温”现象，工业上采取的措施有以下三点：

①在原料中添加少量抑制剂，使催化剂活性降低。

②在原料气入口处的反应管上部装填已老化的催化剂，或在催化剂中混装惰性载体以稀释催化剂，从而降低放热的速率。

③采取分段冷却法，改变除热速率，达到放热速率和移热速率的平衡。

（3）列管式固定床反应器的优缺点

列管式固定床反应器的优点是催化剂磨损少，流体在管内接近活塞流，推动力大，催化剂的生产能力较高。故有的氧化反应是采用固定床反应器。例如苯氧化制顺酐，邻二甲苯氧化制邻苯二甲酸酐等。乙烯环氧化制环氧乙烷用的是银催化剂，由于受到催化剂性能的限制，也只能采用这类反应器。这类反应器也有缺点：①反应器结构复杂，合金钢材消耗大。②传热差，需要大的传热面，反应温度不易控制，热稳定性较差。③沿轴向温差较大，且有热点出现，径向也有温差。④催化剂装卸很不方便，在装催化剂时每根管子催化剂层的阻力要相同，很费工时。如阻力不同就会造成各管间气体流量分布不均匀，致使停留时间不一样，影响反应质量。⑤原料气必须充分混合后再进入反应器，故原料气的组成严格受到爆炸极限的限制，且对混合过程的要求也高，尤其是以纯氧为氧化剂的反应过程。有时为了安全须加入水蒸气做稀释剂。

2. 流化床反应器

（1）流化床反应器的结构

采用流化床反应器，氧化剂空气和原料气可以分别进料，也可以混合后进料。分别进料较安全，原料混合气的配比可不受爆炸极限的限制，例如丁烯氧化制顺丁烯二酸酐，丁烯与空气混合物的爆炸下限为1.6%（体），如混合后进料，考虑到安全，丁烯的浓度只能控制在低于1.5%。如采用分别进料方式，丁烯的浓度就可以高于爆炸下限。又如丙烯氨氧化制丙烯腈，选用流化床反应器，空气和丙烯-氨分别进料，不仅比较安全，且因不需要用水蒸气做稀释，对催化剂，对后处理过程减少含氧污水的排放量都有好处。现工业上都采用这种形式的反应器。空气经分布板自床的底部进入催化床层使催化剂流态化，并把吸附在催化剂表面的还原性物质解吸下来，使催化剂保持高的氧化状态。丙烯和氨的混合气经过分配管，在离空气分布板一定距离处进入床层，在床层中与空气会合发生氨氧化反应。

流化床的中部是反应段，是关键部分，内放一定粒度的催化剂，并设置有一定传热面的 U 形或直形冷却管。在反应段可以除冷却管外不设置任何破碎气泡的构件，也可以设置一定数量的导向挡板或挡网。设置这些构件有利于破碎大气泡，改善气固相之间的接触，减少返混，从而改善流化质量。

但设置内部构件也带来了下列这些缺点：

①限制了催化剂的轴向混合，使床层温差增大。

②使反应器的结构复杂。

③由于催化剂不断与挡板或挡网碰撞，磨损率增加。

内部无构件的流化床反应器，垂直的冷却管也可起到破裂大气泡改善流化质量的作用。使用这种类型的反应器，一般是采用细粒度催化剂和较低操作线速，以获得较好的流化质量。催化剂中必定有一定比例的对改善流化质量很有影响的良好粒度。例如丙烯氨氧化制丙烯腈，采用这种类型流化床反应器，其催化剂的粒度分布大致如下：

0~44μm 占 25%~45%（质），44~88μm 占 30%~60%（质），88μm 以上占 15%~30%（质）。小于 44μm 的催化剂颗粒对改善流化质量很有影响，称为良好组分。如果在反应过程中这些细颗粒催化剂被反应气流带走，使催化剂的粒度分布发生变化，导致流化质量下降，故在反应器内需设置有破碎催化剂的喷嘴，必要时可使用。

反应器上部是扩大段，在扩大段由于床径扩大，气体流速减慢，有利于为气流夹带的催化剂的沉降。为了进一步回收催化剂，设置有二至三级旋风分离器一组或数组（也可设置催化剂过滤管）。由旋风分离装置捕集回收的催化剂，通过下降管回至反应器。在扩大段一般不设置冷却器，如氧化反应在此继续进行，就会发生超温燃烧现象，故反应气体产物中氧的残余浓度不宜过高。

（2）流化床反应器的优缺点

流化床反应器的优点有：①固体催化剂颗粒与气体之间接触面大，且因为气流强烈搅动，气固间传热速率快，床层温度分布比较均匀，反应温度也易控制，不会发生飞温事故，操作稳定性较好。②催化剂床层与冷却管壁面间传热系数大，一般要比固定大 10 倍，所须传热面比固定床小得多，而且冷却管的管壁温度可以与反应温度有较大差别。故虽丙烯氨氧化的反应温度为 440℃，而冷却管中载热体可采用加压热水，借加压热水的汽化移走反应热，同时产生一定压力的水蒸气。③操作比较安全。④合金钢材消耗少。⑤催化剂装卸方便。

但流化床反应器也有以下缺点：

①催化剂易磨损，损耗较多。为了减少磨损率，催化剂必须具有强度高耐磨性能好等良好机械性能，旋风分离器的效率也要高。

②在流化床内，由于催化剂颗粒剧烈的轴向混合，引起部分气体的返混，使反应推动力减小，影响反应速度，使转化率降低，必须相应增加接触时间，才能达到所需转化率。返混也会使连串副反应加快，选择性下降。

③当气体通过催化剂床层时，可能会有大气泡产生，使原料气与催化剂颗粒之间接触不良，传质恶化，从而转化率下降。

虽然流化床反应器有上述这些缺点，但其总的经济效果是有利的，尤其对于温度敏感的氧化反应。采用流化床反应器，可以有效地控制反应温度，消除局部过热现象，避免飞温事故。

第二节　环氧乙烷生产技术

一、环氧乙烷的性质与用途

环氧乙烷为无色易挥发的具有醚类香味的液体，能与水、醇、醚及其他有机溶剂以任意比例互溶。沸点 10.5℃，熔点-111.3℃，燃点 429℃。环氧乙烷能与空气形成爆炸性混合物，其爆炸范围为 3.6%~80%。

环氧乙烷非常活泼，其环易于破坏，发生开环加成、异构化、氧化、还原和聚合反应。

环氧乙烷是一种有毒的致癌物质，以前被用来制造杀菌剂。环氧乙烷易燃易爆，不易长途运输，因此有强烈的地域性。被广泛地应用于洗涤、制药、印染等行业。在化工相关产业可作为清洁剂的起始剂。

环氧乙烷有杀菌作用，对金属不腐蚀，无残留气味，可杀灭细菌（及其内孢子）、霉菌及真菌，因此，可用于消毒一些不能耐受高温消毒的物品以及材料的气体杀菌剂。美国化学家 Lloyd Hall 在 1938 年取得以环氧乙烷消毒法保存香料的专利，该方法直到今天仍有人使用。环氧乙烷也被广泛用于消毒医疗用品诸如绷带、缝线及手术器具。

主要用于制造其他各种溶剂（如溶纤剂等）、稀释剂、非离子型表面活性剂、合成洗涤剂、抗冻剂、消毒剂、增韧剂和增塑剂等。与纤维素发生羟乙基化可合成得水溶性树脂（其环氧乙烷含量约 75%）。还可用作熏蒸剂、涂料增稠剂、乳化剂、胶黏剂和纸张上浆剂等。

通常采用环氧乙烷-二氧化碳（两者之比为 90∶10）或环氧乙烷-二氯二氟甲烷的混合物，主要用于医用和精密仪器的消毒。环氧乙烷用作熏蒸剂常用于粮食、食物的保藏。例如，干蛋粉的贮藏中常因受细菌的作用而分解，用环氧乙烷熏蒸处理，可防止变质，而蛋粉的化学成分，包括氨基酸等都不受影响。

环氧乙烷易与酸作用，因此可作为抗酸剂添加于某些物质中，从而降低这些物质的酸度或者使其长期不产生酸性。例如，在生产氯化丁基橡胶时，异丁烯与异戊二烯共聚物的溶液在氯化前如果加入环氧乙烷，则成品即可完全不用碱洗和水洗。

由于环氧乙烷易燃及在空气中有广阔的爆炸浓度范围，它有时被用作燃料气化爆弹的燃料成分。

环氧乙烷自动分解时能产生巨大能量，可以作为火箭和喷气推进器的动力，一般是采用硝基甲烷和环氧乙烷的混合物（60∶40~95∶5）。这种混合燃料燃烧性能好，凝点低，性质比较稳定，不易引爆。总的来说，环氧乙烷的上述这些直接用途消费量很少，环氧乙烷作为乙烯工业衍生物仅次于聚乙烯，为第二位的重要产品。其重要性主要是以其为原料生产的系列产品。由环氧乙烷衍生的下游产品的种类远比各种乙烯衍生物多。环氧乙烷的毒性为乙二醇的 27 倍，与氨的毒性相仿。在体内形成甲醛、乙二醇和乙二酸，对中枢神经系统起麻醉作用，对黏膜有刺激作用，对细胞原浆有毒害作用。

环氧乙烷主要用于制造乙二醇（制涤纶纤维原料）、合成洗涤剂、非离子表面活性剂、抗冻剂、乳化剂以及缩乙二醇类产品，也用于生产增塑剂、润滑剂、橡胶和塑料等。广泛应用于洗染、电子、医药、农药、纺织、造纸、汽车、石油开采与炼制等众多领域。还用于生产乙氧基化合物、乙醇胺、乙二醇醚、亚乙基胺、二甘醇、三甘醇、多甘醇、羟乙基纤维素、氯化胆碱、乙二醛、乙烯碳酸酯等下游产品。

二、乙烯的环氧化反应

在不同的金属或金属化合物上发生有氧参与的催化反应能够生成不同的物质。在银催化剂上乙烯用空气或纯氧氧化，得到的产物除环氧乙烷外，主要副产物是二氧化碳和水，并有少量甲醛和乙醛生成。其反应的动力学图式可表示为：

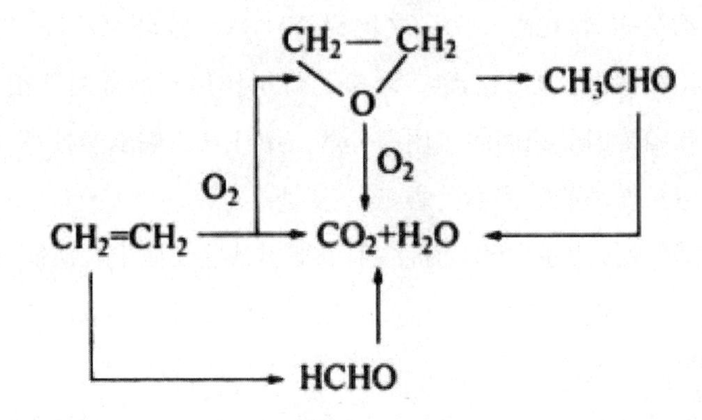

用示踪原子研究表明完全氧化反应产物主要是由乙烯直接氧化生成，反应选择性主要取决于平行副反应的竞争。由环氧乙烷生成二氧化碳和水的连串副反应也有发生，但是次要的。乙醛是由环氧乙烷异构化的产物，甲醛是乙烯的降解氧化副产物。

主反应：

$$C_2H_4 + O_2 \rightarrow C_2H_4O - 103.4kJ \quad (3-5)$$

平行副反应：

$$C_2H_4 + O_2 \rightarrow 2HCHO \quad (3-6)$$

$$C_2H_4 + 3O_2 \rightarrow 2CO_2 + 2H_2O(g) - 1\,324.6kJ \quad (3-7)$$

连串副反应：

$$C_2H_4O + 2O_2 \rightarrow 2CO_2 + 3H_2O(g) - 240.9kJ \quad (3-8)$$

以上反应热是 ΔH°_{298K} ，故完全氧化反应的发生，不仅使环氧乙烷的选择性降低，且对反应热效应也有很大的影响，表 3-2 是反应选择性与热效应的关系，当选择性下降时，热效应明显增加，故在反应过程中，选择性的控制十分重要。如选择性下降，移热速率若不相应加快，反应温度就会迅速上升，甚至发生飞温现象。

表 3-2　反应选择性与热效应的关系

选择性/%	70	60	50	40
反应放出的总热量/（kJ/mol 转化的乙烯）	472.2	593.9	715.0	837.2

三、催化剂与反应机理

（一）催化剂

1. 主催化剂

活性组分银，能选择性地使乙烯氧化成为环氧乙烷，通常银含量在 10%~20%时选择性好。

2. 载体

载体的主要功能是分散活性组分银和防止银微晶的半熔和烧结，使其活性保持稳定。载体的表面结构和孔结构及其导热性能对反应的选择性及催化剂颗粒内部稳定的分布有显著的影响。载体的比表面积大，则活性比表面积大，催化剂活性高，但也有利于乙烯完全氧化反应的发生，甚至生成的环氧乙烷很少。载体如有细孔隙，由于反应物在细孔隙中的扩散速度慢，产物环氧乙烷在空隙中的浓度比主流体中高，有利于连串反应的进行。工业上为了控制反应速率和选择性，均采用低表面积无孔隙率或粗孔型惰性物质作为载体，并要求有较好的导热性能和较高的热稳定性，保证在使用过程中不发生孔结构的变化，为此，所用载体必须先经过高温处理，以消除细孔结构和增加其稳定性。常用的载体有碳化硅、α-氧化铝和含有少量二氧化硅的 α-氧化铝。一般比表面积 $<1m^2/g$，孔隙率 50%左右，平均孔径 4.4μm，也有采用更大孔径的。

3. 助催化剂

所使用的助催化剂有碱金属盐类、碱土金属盐类和稀土金属化合物等，它们的作用不尽相同。碱金属中用的最广的是钡盐。在银催化剂中加入钡盐，可增加催化剂的抗熔结能力，有利于提高催化剂的稳定性，延长其寿命，可提高其活性，但催化剂的选择性可能有所下降。添加碱金属盐可提高催化剂的选择性，尤其是添加了铯的银催化剂，但其添加量要适宜，超过适宜值，催化剂的性能反而受到影响。据研究，两种或两种以上碱金属、碱土金属的添加所起的协同作用，比单一金属添加的效果更为显著。例如银催化剂中只添加钾助催化剂，环氧乙烷的选择性为 77%，若同时添加钾和铯，则环氧乙烷的选择性可提高到 81%，添加稀土元素化合物，也可提高选择性。

4. 抑制剂

在催化剂中加入少量的硒、碲、氯、溴等对抑制二氧化碳的生成，提高环氧乙烷的选择性有较好的效果，但催化剂的活性却降低。这类物质称调节剂，也称抑制剂。在原料气中添加这类物质也能起到同样的效果。工业生产中常在原料气中添加微量的有机氯，如二氯乙烷，以提高催化剂的选择性，调节反应温度。氯化物的用量一般为 1～3μg/g，用量过多，催化剂的活性会显著下降。但这种类型的失活不是永久性的，停止通入氯化物后，活性会逐渐恢复。

5. 催化剂的制备方法

早期，银催化剂的制备是用黏结法制得。现在普遍采用浸渍法，即将载体浸入有机银（例如乳酸银或银-有机铵络合物等）和催化剂溶液中，然后进行干燥和热分解。用浸渍法制得的催化剂，活性组分银可获得较高的分散度，可获得较高的分散度，银晶粒可较均匀地分布在孔壁上，与载体结构较牢固，能承受高空速。催化剂的形状，一般都采用中空圆柱体，银含量为 9%~15%。

环氧乙烷的生产有空气法和氧气法两种。一般空气法因为要排放系统中多余的氮气，所以乙烯损失率较高，乙烯转化率控制在 35%左右，选择性为 70%左右。而氧气法，因受到爆炸极限的限制，转化率一般控制在 12%~15%，选择性为 71%~74%，但明显需要配备空分装置。随着对催化剂研究的深入，新型的银催化剂，用氧气氧化法，选择性可达 80%~82%。

（二）反应机理

关于乙烯在银催化剂上直接氧化为环氧乙烷的反应机理已进行了许多研究，但到目前为止，还尚未有完全一致的认识。以下介绍用红外吸收光谱和同体素交换等研究方法对氧在银催化剂表面的吸附、乙烯和吸附氧的作用，以及乙烯选择性氧化为环氧乙烷的反应机理提出的看法。氧在银催化剂表面可能发生两种形式的化学吸附。

一种是氧的解离吸附，生成 O^{2-} ，这种吸附在任何温度吸附速度都很快，吸附活化能很低（12. 54kJ/raol），但必须有相邻的银原子金属簇存在。

$$O_2 + 4Ag(\text{相邻}) \rightarrow 2O^{2-}(\text{吸附}) + 4\,Ag^+ \tag{3-9}$$

乙烯和解离氧 O^{2-} 作用，唯一产物是二氧化碳和水，当有二氯乙烷等抑制剂存在时，由于覆盖了部分银表面，使这种解离吸附受到阻抑，从而使完全氧化反应减少。如银表面的 1/4 为氯所覆盖，这类氧的吸附则完全被抑制。但在温度较高时，经过吸附位的迁移在不相邻的银原子上也能发生氧的解离吸附。

$$O_2 + 4Ag(\text{不相邻}) \rightarrow 2O^{2-} + 4\,Ag^+(\text{相邻}) \tag{3-10}$$

但这种解离吸附活化能很高，较不易发生。

另一种吸附是活化能<33kJ/mol 的不解离吸附，发生于当在催化剂表面上没有四个相邻的银原子簇可被利用时，这种化学吸附生成离子化的分子氧吸附态。

$$O_2 + Ag \rightarrow Ag - O_2^-(\text{吸附}) \tag{3-11}$$

乙烯与吸附的离子化分子态氧反应，能有选择性地氧化为环氧乙烷并同时产生一个吸附的原子态氧。

$$O_2^-(\text{吸附}) + CH_2 = CH_2 \rightarrow CH_2 - CH_2 + O(\text{吸附}) \tag{3-12}$$

乙烯与 $Ag - O^-$（吸附）反应，则氧化为二氧化碳和水。

$$6O(\text{吸附}) + CH_2 = CH_2 \rightarrow 2\,CO_2 + 2H_2O \tag{3-13}$$

反应总式为：$7C_2H_4 + 6Ag - O^{2-}(\text{吸附态}) \rightarrow 6C_2H_4O + 2\,CO_2 + 6Ag + 2H_2O$ （3-14）

根据此机理，如氧的解离吸附完全被抑制，而产物环氧乙烷不再继续氧化，那么乙烯环氧化反应的最大选择性为6/7，即85.7%。要达到此最高选择性，催化剂表面必须设有四个相邻的银原子簇存在，这与下列诸因素有关：催化剂的组成、催化剂的制备条件、抑制剂的用量、反应温度的控制等。

四、环氧乙烷生产工艺条件安全控制

（一）反应温度和空速

在乙烯环氧化的过程中有完全氧化平行副反应的激烈竞争，而影响竞争的主要外界因素是反应温度。从动力学研究得到的结果是环氧化反应的活化能小于完全氧化反应的活化能，故升高温度，完全氧化反应的速率增长更快，因此选择性必然随温度的升高而下降。当反应温度为100℃时，环氧乙烷的选择性几乎是100%，但反应速率很慢，转化率很小，工业意义不大。随着温度升高，反应速度加快，转化率增加，选择性下降，放出的热量也越大，如不能及时移走反应热，就会导致温度难以控制，产生飞温现象。此外，反应温度过高，也会引起催化剂的活性衰退。适宜的反应温度与催化剂的活性有关，一般控制在220~260℃。

影响反应转化率和选择性的另一个因素是空速，与反应温度相比，此因素是次要的。因为在乙烯环氧过程中，主要竞争反应是平行副反应，产物环氧乙烷的深度氧化居于次要，但空速减小，转化率增加，选择性也要下降。例如在以空气为氧化剂时，当转化率控制在35%左右，选择性达70%左右，若空速减小一半左右，转化率可提高至60%~75%，而选择性降低到55%~60%，反应温度升高20℃左右。空速高有利于迅速移走大量的反应热，但空速过高，虽提高了生产能力，循环气体量也增大，分离工序的负荷和动力费用增大。工业上，氧气氧化法空速一般采用4 000~6 000h^{-1}，此时乙烯单程转化率约为9%~12%。空气氧化法的空速为7 000h^{-1}左右，乙烯单程转化率为30%~35%，反应选择性可达70%~75%。

（二）反应压力

增加反应压力，对反应的选择性无显著影响，但加压操作，能提高乙烯和氧的分压从而加快反应速度，也可提高反应器的生产能力，也有利于从反应气体产物中回收环氧乙烷。压力太高，对设备耐压要求提高，投资费用增大，可能产生环氧乙烷聚合及催化剂表面结炭，影响催化剂使用寿命。目前工业生产中，氧气氧化法的操作压力为1.0~3.03MPa。

（三）原料纯度和配比

1. 原料气中杂质的影响

原料气中的杂质可能带来的影响如下：

（1）使催化剂中毒而且活性下降。例如乙炔和硫化物等能使银催化剂永久中毒，乙炔能与银生成乙炔银，受热会发生爆炸性分解。

（2）使选择性下降。如原料气中带有铁离子，会加速环氧乙烷异构化为乙醛的副反应，从而使反应选择性下降。

（3）使反应热效应增大，如 H_2、C_3 以上烷烃和烯烃，因为它们都能发生完全氧化反应而放出大量的热量。

（4）影响爆炸极限。例如氩是惰性气体，但氩的存在会使氧的爆炸极限浓度降低而增加爆炸的危险性，氢也有同等的效应。

故原料气中上述各类有害物质的含量必须严格控制，在原料乙烯中要求乙炔<5μL/L，C_3 以上烃<10μL/L，硫化物<1μL/L，H_2<5μL/L。

2. 致稳剂对氧化反应的影响

乙烯空气氧化法制环氧乙烷，从反应器的入口处原料气组成、乙烯的转化率和反应的选择性可以看出，原料气中乙烯含量低时，乙烯转化率低，再加上大量氮气的循环，使反应器单位体积环氧乙烷的产率很低。如果提高原料气中乙烯的含量，即使转化率下降，由于进料中的乙烯浓度高，仍可保持设备的生产能力。因此，在空气氧化法的基础上发展了氧气氧化法。但是，应当指出氧气氧化法中原料气所含乙烯的浓度也不能任意提高，要受到原料混合物乙烯爆炸浓度范围的限制，而且乙烯与氧以外的气体组分也将影响混合物的爆炸浓度范围。为了提高乙烯和氧的浓度，可以采用加入致稳气的办法来改变乙烯的爆炸浓度范围。

致稳气必须具备以下特点：

（1）加入1~2个惰性组分来改变循环混合气的组成，缩小混合气的爆炸极限范围，增加体系安全性。

（2）加入的惰性组分须具有较高的比热容，能够有效地移走部分反应热，增加体系稳定性。

氮气是曾被工业上广泛运用的致稳气，近年来用的致稳气为甲烷。甲烷致稳早年出自美国 shell 公司的专利。甲烷致稳的作用如下：

①增加安全性

乙烯-氧-甲烷三元混合气在250℃、2.23MPa操作条件下，其最高允许氧浓度较之氮气致稳有较大的提高，通过温度-压力校正曲线计算，氮气致稳时环氧乙烷反应器入口处最高允许氧浓度（体）为7.92%，出口为7.1%；甲烷致稳时进口氧浓度为8.84%，出口为8.0%。两者相比允许氧浓度上升了近1个百分点。氧浓度的上升说明了混合气体爆炸极限相对地缩小了，增加了体系安全性。

②增加了体系的稳定性

据计算，乙烯氧化反应群放的热量，1/3由循环气带出，在操作条件下，甲烷比热容是氮气比热容的1.35倍。在甲烷、氮气致稳条件下，循环气的平均比热容分别为2 174kJ/（m^3·℃）。和1 623kJ/（m^3·℃）。循环气自身热容增大，对于反应器移出热，避免乙烯氧化反应中可能产生的“热点”或“飞温”极为有利，增加了体系的稳定性。

③提高选择性

甲烷致稳选择性比氮气致稳约高1%。根据北京燕山石油化工股份有限公司EO装置甲烷致稳和氮气致稳的实际生产数据对比表明，氧浓度有所提高，而且乙烯浓度也有较大幅度提高。这说明爆炸极限缩小了，由于原料浓度的增加，反应推动力加大，化学反应速率加快，可以在较低的反应温度（低2~3℃）下达到相同的生产负荷，提高了选择性，降低了原料的消耗定额，并延长了催化剂使用寿命，增加了过程的经济效益。

3. 抑制剂的影响

在反应的原料气中添加微量的1，2-二氯乙烷能有效地抑制副反应，提高乙烯环氧化的选择性。原料气中添加微量的1，2-二氯乙烷后，其选择性比无1，2-二氯乙烷时提高11%~16%。

4. 进反应器的混合气体的组成的影响

对于具有循环的乙烯氧化过程，进入反应器的混合气是由循环气和新鲜原料气混合而成，它的组成不仅影响经济效益，也关系到安全生产，氧的含量必须低于爆炸极限浓度，乙烯浓度也必须控制，它不仅影响氧的极限浓度，也影响催化剂的生产能力。尤其像乙烯环氧化这类强放热的气固相催化反应，必须考虑到反应器的热稳定性。乙烯和氧的浓度高，反应速度快，催化剂生产能力大，但单位时间释放的热量也大，反应器的热负荷增大，如放热和移热不能平衡，就会造成飞温。故氧和乙烯的浓度都有一个适宜值。由于所用氧化剂不同，进反应器的混合气的组成要求也不同。用空气做氧化剂，空气中有大量惰性气体氮存在，乙烯的浓度以5%左右为宜，氧的浓度以6%为宜。当以纯氧为氧化剂时，为使反应不致太剧烈，仍须加入稀释剂，一般以氮作为稀释剂，进反应器的混合气中，乙烯的浓度可达 15%～20%，氧的浓度为 8%左右，近年来有些工业生产装置已改用 CH_4 做稀释剂，CH_4 比不仅导热性能好，且在 CH_4 存在下，氧的爆炸极限浓度提高，对安全生产能力有利。采用 CH_4 做稀释剂乙烯的浓度可采用更高。

二氧化碳对环氧化反应有抑制作用，但含量适当对提高反应的选择性有好处，且可提高氧的爆炸极限浓度，故在循环气中允许含有一定量的二氧化碳。循环气中若含有环氧乙烷对环氧化反应也有抑制作用，并会造成氧化损失，故在循环气中的环氧乙烷应尽可能除去。

五、防止反应气“尾烧”及异构化反应

“尾烧”是指生成的环氧乙烷在反应器的下部进一步深度氧化为二氧化碳，并放出大量反应热。环氧乙烷在高温及固体酸存在下容易异构为乙醛，而乙醛易氧化为二氧化碳和水，一方面降低环氧乙烷选择性和放出大量热，另一方面反应气中存在微量乙醛，给环氧乙烷分离提纯带来很大困难，大大提高了环氧乙烷分离提纯的费用。因此，如何防止反应器出口气体“尾烧”及环氧乙烷异构为乙醛的反应，是安全生产及保持环氧乙烷高选择性的重要问题。

美国科学设计公司（SD）慎重指出：在反应器出口气体与进反应器气体进行热交换的情况下，若反应器出口处有催化剂粉末带出，反应器出口气体温度会迅速从 260℃升至 460℃，产生“尾烧”现象。同时进反应器气体温度可升至 280℃，达到自燃温度，十分危险。因此，须在反应器出口处增加一台冷却器，防止“尾烧”现象。这一安全技术改造方案已应用于工业化装置中。

壳牌公司（Shell）在反应器结构上采用了新型设计，将氧化反应器下封头设计为锥形，减少了脱落的催化剂粉末在下封头的积累，把“尾烧”的可能性降至最小。

Shell 公司和日本触媒公司曾透露，将反应器出口气体通过充填着颗粒物料的冷却区段，使用含碱金属或碱土金属的颗粒料，可以进一步抑制环氧乙烷的异构化反应。

改进反应器结构，将反应器上、下封头内腔设计制造成喇叭状。下封头喇叭使反应气迅速离开高温区，以避免“尾烧”。另一改进是在反应器下增设一段急冷段，并在此段的列管内充填载有微量氯化铂的三氧化二铝球，管外通冷却水降温。这样以期防止 EO 的异构化反应，消除气体爆炸的可能性，并可相应地提高原料气中的含氧量，提高反应效率。

环氧乙烷和乙二醇车间是易燃易爆车间，根据安全生产的需要，采取以下防爆措施：

1. 控制配料使可燃气体与空气或氧气混合物在爆炸极限之外。

2. 严格控制反应温度，避免在氧化反应器中产生“飞温”和“尾烧”。

3. 设备接地线，消除产生的静电。

4. 压力设备上要有防爆膜和安全阀。

5. 防止环氧乙烷贮存时聚合爆炸，液体环氧乙烷虽不容易分解，但很容易聚合。酸、碱以及许多金属的氯化物和氧化物都是环氧乙烷聚合催化剂，聚合时产生大量聚合热（约96kJ/mol），易引起爆炸。为此，环氧乙烷贮罐应远离火源，避免阳光直射，贮罐内部一定要清洁，绝不可混入其他杂质，并在贮槽气相中充氮或惰性气体，防止环氧乙烷在贮存时聚合。该贮存工艺是采用外循环冷却工艺，循环泵采用屏蔽电功泵，循环冷却效果较好，可确保贮存温度在-6~0℃。为了确保安全，贮存环氧乙烷的贮罐还应配备氮气和冷冻系统。为避免使用氯化钠盐水泄漏至EO中引发聚合反应，贮运过程中的冷冻剂须采用乙二醇水溶液。环氧乙烷槽车在卸料过程中各条管线阀门都须用氮气置换吹扫，卸料时需用氮气保护，并保证贮罐氮封压力大于0.3MPa，若发生泄漏应及时采取有效措施。

六、乙烯氧气氧化法生产环氧乙烷工艺安全与操作

乙烯在 $Ag/\alpha-Al_2O_3$ 催化剂存在下直接氧化生产环氧乙烷的工艺，由于所采用的氧化剂不同，有空气氧化法和氧气氧化法两种。两者所用催化剂和工艺条件的控制不同，工艺流程的组织也有差异。氧气氧化法虽然安全性不如空气氧化法好，但氧气氧化法选择性较高，乙烯单耗较低，催化剂的生产能力较大，据评价生产规模在（1~20）$\times 10^4$t/a 范围内，总的投资费用比空气氧化法低，故大部分新建规模大的工厂多采用氧气氧化法，只有生产规模小时，才采用空气法。

氧气氧化法生产环氧乙烷的工艺流程主要分为两部分：反应部分以及环氧乙烷的回收和精制部分。

（一）反应部分工艺流程

乙烯环氧化生产环氧乙烷是一个强放热反应，温度对反应选择性的影响很敏感，对于这种反应最好使用流化床反应器，但因细颗粒的银催化剂易结块也易磨损，流化质量很快恶化，催化剂效率急速下降，故工业上普遍采用的是列管式固定床反应器。管内置催化剂，管间走冷却介质（有机载热体或加压热水）。新鲜原料乙烯、氧气与循环气在混合器中混合后，经过热交换器预热至220℃左右，从反应器上部进入催化床层。在配制混合气时，由于纯氧加入乙烯和循环气的混合气中，所以必须使氧和循环气迅速混合达到安全组成，如混合不好，很可能形成局部氧浓度超过极限浓度，进入换热器时易引发爆炸危险。为此，混合气的设计极为重要，工业上是借多孔喷射器对着混合气流的下游将氧高速喷射入乙烯和循环气的混合气中使它们迅速进行均匀混合，以减少乙烯和循环气的混合气返混入分布器的可能性。这一部分是氧气氧化法安全生产的关键部分。为了确保安全，需要用

自动分析仪监视，并配置自动报警联锁切断系统，热交换器上安装有安全阀、爆破片等防爆措施。

自反应器流出的产物气中环氧乙烷的含量仅1%~2%，经热交换器利用其热量并进行冷却后，进入环氧乙烷吸收塔。由于环氧乙烷能以任何比例与水混合，故采用水做吸收剂以吸收产物气中的环氧乙烷。从吸收塔顶排出的气体，含有未转化的乙烯和氧，二氧化碳和惰性气体。虽然原料乙烯和原料氧纯度很高，带入反应系统的惰性杂质很少，但反应过程中有副产二氧化碳生成，如将从吸收塔排出的气体全部循环入反应器，必然会造成循环气中二氧化碳的积累。因此，从吸收塔排出的气体，大部分（约90%）循环使用，其余部分送二氧化碳吸收装置，用热碳酸钾溶液脱出其中的二氧化碳。脱碳后的乙烯和氧气仍然返回原料预混合器中。

热碳酸钾吸收二氧化碳的原理是：

$$K_2CO_3 + CO_2 + H_2O \rightleftharpoons 2KHCO_3 \tag{3-15}$$

该装置由二氧化碳吸收塔和吸收液再生塔组成。送二氧化碳吸收装置的那一小部分气体在吸收塔中与来自再生塔的热的 $KHCO_3$-K_2CO_3 贫液逆流接触。在100℃、2.2MPa压力下，K_2CO_3 质量分数约为30%，将二氧化碳吸收，使二氧化碳体积分数降至3.5%以下。二氧化碳吸收塔釜液进入碳酸钾再生塔，再生塔在0.2MPa压力下操作，把碳酸钾溶液中的二氧化碳用蒸汽汽提出来，大量富含 CO_2 的气体在塔顶放空排放。再生后的碳酸钾溶液泵回二氧化碳吸收塔，循环使用。

碳酸钾溶液中常含有铁、油和乙二醇等物质，在加热过程中这些物质易产生发泡现象，使塔设备压差增大，故生产中常加入消泡剂。

（二）环氧乙烷的回收和精制部分的流程

从环氧乙烷吸收塔底部流出的环氧乙烷水溶液进入环氧乙烷解吸塔，目的是将产物环氧乙烷通过汽提从水溶液中解吸出来。解吸出来的环氧乙烷、水蒸气及轻组分进入该塔冷凝器。大部分水及重组分冷凝后返回环氧乙烷解吸塔，未冷凝气体与乙二醇原料解吸塔顶气，以及环氧乙烷精制塔顶馏出液汇合后，进入环氧乙烷再吸收塔。环氧乙烷解吸塔釜液作为环氧乙烷吸收塔的吸收液。解吸后的环氧乙烷在再吸收塔用冷的工艺水再吸收，将二氧化碳与其他不凝气体从塔顶放空。再吸收塔釜液环氧乙烷质量分数约8.8%，在乙二醇原料解吸塔中，用蒸汽加热进一步汽提除去水溶液中的二氧化碳和致稳气，即可作为生产乙二醇原料或再精制为高纯度的环氧乙烷产品。

环氧乙烷精制塔以直接蒸汽加热，该塔共95块塔板，上部塔板用于脱甲醛，中部用于脱乙醛，下部用于脱水。靠近塔顶第87块板侧线抽出质量分数>99.99%的高纯度环氧乙烷，中部侧线采出含少量乙二醇的环氧乙烷（返回乙二醇原料解吸塔），塔釜液返回精制塔中部，塔顶馏出含有甲醛的环氧乙烷返回乙二醇原料解吸塔，回收环氧乙烷。

环氧乙烷易自聚，尤其在铁、酸、碱、醛等杂质存在和高温情况下更易自聚。自聚时有热量放出，引起温度和压力上升。其至引起爆炸事故，因此，存放环氧乙烷的贮槽必须清洁，并保持在0℃以下。

七、环氧乙烷生产过程危害及控制技术

（一）火灾爆炸事故控制

环氧乙烷生产过程中所涉及的乙烯、甲烷、环氧乙烷都是易燃、易爆、有毒的气体，且处于氧气环境中发生氧化反应，反应属于放热反应，火灾爆炸的三要素同时满足，所以极具危险性。对这类氧化反应的控制要点是：

1. 控制反应混合物的浓度在爆炸范围之外，即物料组成在安全区操作。

2. 控制适宜的转化率和反应选择性，维持放热速率和移热速率的均衡，保持反应器的热稳定性。

（二）职业卫生安全技术

环氧乙烷和乙二醇车间对人体有毒害的物质主要有乙烯、环氧乙烷、乙二醇、二氯乙烷等。一般来说，毒物是通过呼吸器官、皮肤和消化道给人带来伤害的。

由于乙二醇的闪点和燃点高、蒸气压低、毒性低，这就使得乙二醇的处理和贮存较为简单。通常，可将其贮存在碳钢容器中，欲长期贮存时，乙二醇会严重地摄取铁，因此，作为生产聚酯用的乙二醇，要求其中不含铁离子和其他杂质，而应采用衬里容器、不锈钢或铝设备。使用衬里容器时，乙烯基树脂、固化的酚醛树脂等都是适宜的衬里材料。

因为乙二醇极易吸潮，需要长期贮存又要乙二醇的水分含量低时，则考虑用干燥脱湿件氮封，或采用干燥空气气封。在寒冷地区，乙二醇室外贮存应保温，因乙二醇在-12℃会凝固。

下面将环氧乙烷和乙二醇车间对人体有害物质的毒害情况和防护措施做简单介绍，以引起注意，做到安全生产。

1. 环氧乙烷

在空气中允许浓度为0.001g/m^3。环氧乙烷的蒸气压较高，所以操作人员在生产中很容易接触环氧乙烷蒸气。它虽具有特殊气味，但长时间接触低浓度环氧乙烷蒸气会麻痹嗅觉，因此，即使它的浓度已经达到了有害的程度，也不易察觉，须特别注意。环氧乙烷具

有麻醉作用，停留于含有环氧乙烷蒸气的空气中10min，就会引起剧烈的头痛、眩晕、步态不稳，口中有甜味，呼吸困难、心脏活动障碍，可延续数周，肝肾也会受损，尿中胆碱素含量增多。低浓度环氧乙烷引起滞后性呕吐和不舒服感，接触高浓度环氧乙烷气体对眼，呼吸道和肺有强烈的刺激作用，甚至引起肺水肿。环氧乙烷在空气中的浓度达到0.08%~0.15%（体积），长时间接触就会威胁人的生命。

液态环氧乙烷接触到皮肤立即用水冲洗，否则会引起灼伤，尤其40%~80%的环氧乙烷水溶液较低浓度或高浓度的环氧乙烷水溶液能更快地引起严重灼伤。眼睛溅到环氧乙烷应该立即用大量水冲洗，再到眼科治疗。环氧乙烷不是积累性毒物，一次小毒后对第二次中毒不发生任何影响，但是连续接触后会降低一个人所能承受的一次容量。为防止环氧乙烷中毒，在环氧乙烷生产中要保证设备密封，严格控制环氧乙烷在空气中的最高浓度不得超过0.001g/m^3。在处理环氧乙烷时，操作人员应该佩戴防护眼镜、橡皮手套、围裙及橡胶靴。中毒患者要立即脱离现场，污染的衣服立即更换，并立即用温水清洗皮肤。

2. **乙二醇**

在常温下是无色透明黏稠液体，通过口腔侵入人体时，有明显的中毒作用，误饮30~50mL会引起轻微中毒，50~200mL引起急性中毒，200~400mL可以致死。长期慢性中毒会引起眼球震颤、食欲减退、嗜睡，以及反复发作性神志模糊。为防止乙二醇中毒，在生产中要消灭跑、冒、滴、漏。进入塔或容器中检修前，必须倒空乙二醇物料，用氮气和空气置换合格后，方可入内，必要时戴好防毒面具工作，在出料时要戴防护手套，不要使皮肤长期与之接触。严禁品尝或饮用乙二醇及其水溶液。

3. **1，2-二氯乙烷**

麻醉剂，主要侵害内脏和神经系统，也能通过皮肤接触中毒。对人致死量为100g左右，15~40g可能引起急性中毒。急性中毒表现为颈与头痛、嗜睡、恶心、呕吐。眼、鼻、咽喉黏膜轻度刺激，面部发红。严重者全身无力、眩晕、剧烈呕吐，上腹部疼痛，肝脏常肿大，心悸，血压增高，极度严重者可以谵妄，全身震颤，甚至昏迷而死亡。慢性中毒表现为持续性头痛、疲乏、恶心、腹泻，胃肠及呼吸道易出血。一般还有肝脏的病状。皮肤长期接触，则产生皮炎，甚至坏死。为防止二氯乙烷中毒，设备应密封好，室内通风良好，二氯乙烷设备检修时，须用氮气置换合格后方可作业。万一发生二氯乙烷中毒，要迅速将患者送至空气新鲜处，换去被二氯乙烷污染的衣服，用水冲洗皮肤。若误饮二氯乙烷，让患者喝盐水或肥皂水解毒，眼睛溅入二氯乙烷，应立即用大量清水冲洗。

4. **乙烯**

有毒物质，空气中最高允许浓度为0.05g/m^3。低浓度有刺激作用，高浓度有麻醉作用。吸入80%~90%的乙烯与氧的混合物，即迅速引起麻醉窒息。乙烯浓度为25%~45%时，有痛觉消失的现象，但通常意识仍保持清醒。为防止乙烯中毒，在生产中严禁乙烯外逸，厂房内加强通风。当乙烯浓度低时，个人防护可用过滤式防毒面具；浓度高时，用隔离式防毒面具。当发生急性中毒时，抢救人员应戴上氧呼吸器，将中毒患者移到空气新鲜的地方，进行人工呼吸，并立即就医。

5. 烧碱

具有强烈的腐蚀性。主要是对人体皮肤的腐蚀作用。

综上所述，环氧乙烷、乙二醇车间是防火、防爆、防毒车间，对车间工作人员要求操作谨慎、勤检查，及时消除隐患。若生产中稍有疏忽，就可能有中毒、燃烧、爆炸等事故发生。

八、氧化反应器安全控制

非均相催化氧化反应都是强放热反应，而且都伴随完全氧化副反应的发生，温度高使完全氧化反应有不同程度加速，放热更为剧烈，故采用的氧化反应器形式必须能及时移走反应热和控制适宜反应温度，避免局部过热。工业上常用的氧化反应器有列管式固定床反应器和流化床反应器两种。

（一）列管式反应器的温度分布和热稳定性

对于强放热的氧化反应，径向和轴向都有温差，如催化剂的导热性能良好，而气体流速又较快，则径向温差可较小。轴向的温度分布主要决定于沿轴向各点的放热速率和管外载热体的除热效率。一般沿轴向温度分布都有一最高温度称为热点，在热点以前放热速率大于移热速率，因此出现轴向床层温度升高，热点以后恰好相反，故沿床层温度就逐渐降低。控制热点温度是使氧化反应能顺利进行的关键。热点温度过高，使反应选择性降低，催化剂变劣，甚至使反应失去稳定性而产生飞温。热点出现的位置和高度与反应条件的控制及传热情况有关，也与催化剂的活性有关。随着催化剂的逐渐老化，热点温度逐渐降低，其高度也逐渐降低。热点温度的出现，使整个催化剂床层只有一小部分催化剂是在所要求的温度条件下操作，影响了催化剂效率的充分发挥。

为了降低热点温度减少轴向温差，使沿轴向大部分催化剂床层能在适宜的温度范围内操作，工业生产上所采取的措施如下：

1. 原料气中带入微量抑制剂，使催化剂部分毒化。

2. 在原料气入口处附近的反应管上层放一定高度的惰性载体稀释的催化剂或放一定高度已部分老化的催化剂。这是降低入口附近的反应速率，以降低放热速率，使之与移热速率尽可能平衡。

3. 采用分段冷却法，改变移热速率，使之与放热速率尽可能平衡等。

（二）固定床反应器的参数热敏感性

对于进行强放热氧化反应的管式反应器，其热点温度对过程参数如原料气入口温度、浓度、壁温等的少量变化十分敏感，如控制不小心，就会造成飞温。因此，在操作这类氧化反应器时，必须要考虑各操作参数的敏感区。由于氧化过程比较复杂，存在着平行和连串副反应，下面仅以简单的不可逆放热反应为例进行讨论。

1. 原料气入口温度对轴向温度分布的影响。在一定的温度范围内，原料气进床层温度的变化，对轴向温度分布和热点温度有影响，但不显著。当超过某一温度时，即使只提高 1~2℃，热点温度就显著升高，发生飞温，使反应器不能稳定操作。温度发生显著变化的这个区称为参数敏感区。故原料气的入口查温度有一临界温度，高于此临界温度就进入敏感区。为了使反应器能稳定操作，入口查温度必须低于此临界温度。但原料气入口查温度也不能低于氧化起始温度，不然反应就不能进行。

2. 换热器壁温度和原料气起始浓度（以分压表示）对轴向温度分布的影响。壁温和原料气起始浓度对床层轴向温度的影响，有一参数敏感区。当壁温高于一定值时，热点温度就显著升高，当然壁温过低，氧化反应也不能进行。故虽增加载热体与催化剂床层气相的温差对强化传热是有利的，但由于受到氧化起始温度的影响，载热体的温度不宜太低，一般载热体的温度与催化剂床层最高温度的温差不大于 10℃。原料的起始浓度也有一敏感区，在敏感区，浓度的稍微变化会使热点显著增高，甚至造成飞温。在操作列管式固定床氧化反应器时，各操作参数的选择，不仅要考虑反应的转化率和选择性，还必须考虑参数的敏感区（当然最好能知道各参数的临界值）。如果反应器在敏感区附近操作，则由于某一参数的微小变化，就会使温度分布发生显著变化，从而使反应质量严重恶化。

九、氧化过程爆炸事故分析及控制技术

在基本有机化学工业中进行的催化氧化过程无论是均相的或是非均相的，都是以空气或纯氧为氧化剂，可燃的烃或其他有机物与空气或氧的气态混合物在一定的浓度范围内引燃（明火、高温或静电火花等）就会发生分支连锁反应，火焰迅速传播，在很短时间内，温度急速增高，压力也会剧增，而引起爆炸。此浓度范围称为爆炸极限。烃类和其他可燃有机物与空气或氧的气态混合物的爆炸极限的浓度范围可在有关手册上查到。但要注意，爆炸极限的浓度范围是与试验条件（温度、压力、引燃方式等）有关，与气体混合物的组成也有关。

可见乙烯的爆炸极限不仅与温度、压力有关，也与混合气的组成有关。

由于惰性气体不同，氧的极限浓度也不同。在乙烯-氧-氮混合气中氩的存在使氧的极限浓度降低，而加入 H_2O，CO_2，C_2H_6 等惰性气体可提高氧的极限浓度，有利于安全生产。氧的极限浓度与混合气中乙烯浓度也有关。随着乙烯浓度增高，氧的极限浓度下降。为了安全生产除控制氧浓度外，乙烯浓度也需控制。其他烃类与氧的混合气也有相似规律，只是极限浓度不同。

压力对爆炸上限有显著影响。压力增高，爆炸上限也随之增高。温度对爆炸下限影响甚小，对爆炸上限也有显著影响。在室温时，在乙烯-氧-氮的混合物中，当氧含量小于 10%时，不管乙烯的浓度多大也不会发生爆炸。随着温度和压力的升高，氧的极限浓度会下降。

第三节　丙烯氨氧化生产丙烯腈

丙烯腈是有机化学工业的重要产品。相对分子质量 53.6，沸点 77.31，凝点-83.6℃，闪点 0℃，自燃点 481℃，相对密度 d_4^{20} 为 0.806。丙烯腈在室温和常压下，是具有刺激性臭味的无色液体，有毒，在空气中的爆炸极限为 3.05% ~17.0%。能溶于许多有机溶剂，与水部分互溶，丙烯腈在水中溶解度为 7.3%（质），水在丙烯腈中溶解度 3.1%（质），与水形成最低共沸物，沸点 71℃。在丙烯腈分子中有双键和氰基存在，性质活泼、易聚合，也易与其他不饱和化合物共聚，是三大合成材料的重要单体。丙烯腈主要用于生产聚丙烯腈纤维、ABS 树脂等工程塑料和丁腈橡胶。经过二聚、加氢制得的己二腈是聚酰胺单体己二胺的原料。丙烯腈用途分配为：合成纤维占 40% ~60%，树脂和橡胶占 15% ~28%。

生产丙烯腈的方法有环氧乙烷法、乙炔氢氰酸法和丙烯氨氧化法。由于环氧乙烷法和乙炔氢氰酸法在技术经济上落后于丙烯氨氧化法，所以目前丙烯氨氧化法是丙烯腈生产的主要路线。该法以丙烯、氨和空气为原料在流化床反应器中反应生成丙烯腈，并副产乙腈和氢氰酸。近年催化剂的新进展已使丙烯腈产率提高了 20%。BP、旭化成、首诺和杜邦公司均拥有该技术专利权。BOC 公司开发了生产丙烯腈的 Petrox 工艺，该工艺可提高产率 20%，减少 CO_2 排放 50%，降低投资费用 20%，减少操作费用 10% ~20%。现正开发的丙烷氨氧化新工艺可比丙烯路线生产成本降低 30%。BP 公司已在美国得克萨斯州绿湖建有验证装置。日本三菱化学和 BT 公司也在日本水岛试验丙烷氨氧化工艺。日本旭化成公司开发的丙烷制丙烯腈工艺，将丙烷、氨和氧气在装填专用催化剂的管式反应器中反应，其催化剂在二氧化硅上负载 20% ~60%的 Mo、V、Nb 或 Sn 金属，反应中采用惰性气体进行稀释，温度 415℃，压力 0.1MPa。当丙烷转化率为 90%时，丙烯腈选择性为 70%，丙烯腈总收率约为 60%。

一、丙烯氨氧化生产丙烯腈原理

（一）丙烯氨氧化生产丙烯腈的主副反应

副反应的产物可分为三类：第一类是氰化物，主要有氢氰酸和乙腈及少量丙腈，其中乙腈和氢氰酸用途较广，故应设法回收。第二类是有机含氧化合物，主要有丙烯醛及少量丙酮和其他含氧化合物。丙烯醛虽然量不多，但不易除去，给精制带来不少麻烦，应该尽量减少。第三类是深度氧化产物一氧化碳和二氧化碳。由于丙烯完全氧化生成二氧化碳和水的反应热是主反应的三倍多，所以，在生产中必须注意控制反应温度以避免这类副反应的发生。

（二）催化剂

丙烯氨氧化生产丙烯腈所用催化剂主要有 Mo-Bi-0 系和 Sb-0 系催化剂。钼系催化剂的结构为［RO_4（H_2XO_4）$_n$（H_2O）$_n$］。R 为 P、Mn、As、Si、Th、Ti、Cr、La、Ce 等；X 为 Mo、W、Mn、V 等。其代表性的催化剂为美国 Sohio 公司的 C-41，C-49 及我国的 MB-82、MB-86。其中 C-49 催化剂组分为 P0.5、Mol_2、Bil、Fe3、Ni2.5、CO4.5、K0.1。一般认为 Mo、Bi 为催化剂的活性组分，其余为助催化剂。P_2O_5 是较典型的助催化剂，加入微量后可使催化剂的活性提高。催化剂中加入钾可降低催化剂表面酸度，从而提高催化剂活性及选择性。其他组分的引入与氧化催化剂的性能相似。锑系催化剂的活性组分为 Sb、Fe，为克服催化剂易还原劣化的缺点可向催化剂中添加 V、Mo、W 等元素。为提高催化剂的选择性，可添加电负性大的元素，如 B、P、Te 等元素。为消除催化剂表面的 Sb_2O_4 不均匀的白晶粒，可添加 Mg、A1 等元素。典型锑系催化剂的组分为 Sb25、Fe10、Te19、Si30。

各类催化剂载体与反应器形式有关，使用流化床时对催化剂强度及耐磨性能要求甚高，一般用粗孔微球形硅胶载体。采用固定床时，载体的导热性能显得很重要，一般采用低比表面积没有微孔结构的惰性物质作载体，如刚玉、碳化硅等。

丙烯氨氧化的动力学方程为：

$$r = kc_A \tag{3-16}$$

式中 r ——丙烯氨氧化的反应速度；

c_A ——丙烯浓度；

k ——反应速度常数，其值为 2×10^5exp（-1600/RT），当催化剂磷的质量分数为 0.5%时为 8×105exp（-18500/RT）。

二、丙烯腈生产安全控制

（一）原料配比控制

1. 丙烯与氨配比。由于丙烯既可以氧化生产丙烯醛，也可以氨氧化成丙烯腈，两者都属于烯丙基氧化反应。故氨比的控制对这两个产物的生成有直接影响。若氨用量过少，则有较多的丙烯醛生成；但用量过多，既增加氨的消耗，又要增加中和用硫酸的消耗。根据催化剂的性能不同，一般控制氨比为1∶（1.05~1.1），氨略为过量。

2. 丙烯与空气配比。丙烯氨氧化以空气做氧化剂，理论用量是：n丙烯∶n空气=1∶7.3，实际生产过程中要求空气适当过量。一是因为副反应要消耗氧，二是由于尾气中要有过量氧存在以防止催化剂被还原失去活性。但空气太多也会带来如下问题：丙烯浓度下降，降低了反应器的生产能力；反应产物离开床层后继续深度氧化，选择性下降；增加动力消耗；产物浓度下降，增加回收困难，故空气用量也有一适宜值。另外，空气用量也与催化剂性能有关，一般控制在n丙烯∶n空气=1∶（9.5~12）。

（二）反应温度控制

反应温度是丙烯氨氧化合成丙烯腈的重要指标。它对反应产物的收率，催化剂的选择性及寿命、安全生产均有影响。选择适宜的反应温度，可达到理想的反应效果，否则会降低丙烯腈收率及选择性，使副产物增加。

（三）反应压力控制

加压操作使反应物浓度增加，反应速度加快；同时还能提供反应器的生产能力。但实验结果表明，反应压力增加，选择性下降，丙烯腈的收率降低。因此，生产中一般不采用加压操作，反应器中的压力只是为了克服后续设备的阻力，所以通常压力为55kPa。

（四）接触时间控制

丙烯腈收率随接触时间增长而增加，而主要副产物增加不大，这对生产是有利的。因此，可以适当利用增加接触时间的方法提高丙烯腈收率。但过长的接触时间会导致原料气的投入量下降，影响反应器的生产能力。另外，反应物、产物长时间处在高温下，容易发生热分解及深度氧化生成二氧化碳。目前，生产装置控制接触时间在5~7s范围内。

三、丙烯腈生产工艺安全技术

丙烯氨氧化法生产丙烯腈的流程主要由反应、回收及精制三部分组成。

（一）反应部分

液态丙烯经蒸发和过热后成为66℃的气态过热丙烯，与蒸发、过热到相同温度的气态氨以1：1.15（物质的量之比）混合后，通过丙烯、氨分布器进入流化床反应器，并与空气接触。空气经空气过滤器除去灰尘和杂质后，用透平压缩机加压至150kPa（表），经换热器预热至300℃，从流化床底部经空气分布板进入流化床反应器，与丙烯、氨相混合，在催化剂作用下进行氧化反应。反应器温度为400~510℃，压力为64kPa（表）。反应生成的气体进入流化床反应器内的四组三级旋风分离器，分离出的催化剂返回床层。反应放出的热量由垂直安装在反应器内的U形冷却管中的水移出，并副产4.36MPa的高压过热蒸汽。

由反应器出来的气体经冷却器降温后送入急冷塔的下段，将其温度骤冷至81℃。急冷塔釜废水送入废催化剂沉降槽，反应气经下段通过升气管升至上段，与稀硫酸逆流接触，中和其中未反应的氨，并除去大部分高沸物及吹出的催化剂。

为了避免气相中丙烯腈发生聚合，反应产物经热交换后的温度不宜太低，因为气体中有 NH_3 存在时，温度低易促使聚合反应的发生，致使设备管道发生堵塞，一般须控制在250℃左右。

除去 NH_3 方法，是用浓度为1.5%（质）的稀硫酸中和，中和过程也是反应物料的冷却过程，故氨中和塔也称急冷塔。稀硫酸具有强烈的腐蚀性，在急冷塔中循环的液体pH值控制在5.5~6.0，pH值太小，酸腐蚀严重；pH值太大，会引起聚合和加成反应。

（二）回收部分

急冷塔底液送至废水塔回收其中的丙烯腈、乙腈和氢氰酸。急冷塔上段料液送至吸收塔底部。

反应气体离开急冷塔后进入吸收塔底部，在塔中用水逆流吸收，回收丙烯腈和其他有机反应产物。在吸收塔中，CO、CO_2、N_2 及未反应的 O_2 和烃类由塔顶排入大气。

吸收液进入萃取塔，水作为萃取剂，采用萃取精馏的方法将粗丙烯腈与乙腈分离。萃取塔顶丙烯腈、氢氰酸、水蒸气进入塔冷凝器冷凝冷却至40℃，之后进入回收塔分层器中分成有机层和水层，有机层送去精制，水层返回萃取塔。含有乙腈、水及少量氢氰酸的气相由萃取塔侧线抽出，送入乙腈解吸塔塔釜。在乙腈解吸塔中，乙腈水及氢氰酸从塔顶采出，经塔顶冷凝器冷至41℃。冷却后部分作为塔顶回流，其余送至乙腈精制系统。从乙腈解吸塔第10块塔板放出的水加纯碱中和后，送吸收塔作为吸收水用。分离槽出来的油层进入脱氰塔进行脱水和脱氢氰酸，塔顶蒸出高浓度氢氰酸，经冷却后送至氢氰酸精馏塔。

（三）精制部分

由脱氰塔釜出来的丙烯腈含丙烯腈90%左右，送至成品塔精制，从塔顶蒸出丙酮等轻组分，塔釜为含有丙烯腈的高沸物。产品丙烯腈从第25块塔板气相出料，冷凝后去成品中间槽，该工艺特点是单程转化率高，不需要未反应原料的分离和循环。催化剂采用第三代改进剂C-41。丙烯腈收率高于85%，生产1t丙烯腈可回收0.1t以上的HCN副产物。

成品丙烯腈的纯度为含丙烯腈>99.5%（质），水分约0.25%~0.45%，乙腈含量低于300μg/g，丙酮含量低于100μg/g，丙烯醛小于15μg/g，氢氰酸小于5μg/g。

回收和精制部分所处理的物料丙烯腈、氢氰酸、丙烯醛等都易自聚，故处理这些物料时必须加入少量阻聚剂，防止气相HCN聚合的阻聚剂是SO_2，液相阻聚剂是醋酸。防止丙烯腈聚合的阻聚剂是苯二酚等。在氢氰酸的贮槽中可加入少量磷酸做稳定剂。由于氢氰酸、乙腈、丙烯腈的毒性很大，故在生产过程中必须做好安全防护。

四、副产品的综合利用和安全技术

丙烯氨氧化生产丙烯腈，得到的副产物主要是氢氰酸和乙腈。

（一）氢氰酸的利用

氢氰酸是无色的液体，剧毒，具弱酸性，化学性质活泼。含水的氢氰酸更不稳定，易聚合，并有较多热量放出，可能会导致爆炸。

（二）乙腈的利用

乙腈主要用于萃取剂，从C_4馏分中提取丁二烯。乙腈加氢可得乙胺，作为农药、医药等原料。

（三）含氰废气和废水的处理

由于氰化物剧毒，故含氧废气和废水都须经过处理，才能排放，以防污染环境。

在丙烯腈生产装置中，吸收塔含氰废气排出，在急冷塔和乙腈解吸塔有含氰废水排放，均须处理。

1. 废气处理

催化燃烧法是近年来对含有低浓度可燃性有毒有机物的废气的重要处理方法。该法是将须处理的废气和空气通过负载型金属催化剂，使废气中含有的可燃有毒有机物在较低温度下发生完全氧化反应转化为 CO_2、H_2O、N_2 等无毒物质而排出。由于燃烧后的气体温度升高，可将此高温气体送入废气透平，利用其热能使转变为电能，作为动力使用。该法在丙烯腈生产装置中已有采用。

2. 含氰废水处理

（1）水量少而 HCN 和有机腈化合物含量高的废水（例如急冷塔排出的废水），一般是经过滤除去固体杂质后，可采用燃烧法处理，以空气做氧化剂，将废水直接喷入（或用碱水处理后再喷入）燃烧炉，用中压水蒸气雾化并加入辅助燃料，进行热降解处理。

（2）当废水量较大，氰化物（包括有机腈化物）含量较低时，则可用生化方法处理。最常用的方法是曝气池活性污泥法。活性污泥是微生物植物群、动物群和吸附的有机物质、无机物质的总称。这些微生物以污水中的有机污染物为食物，在酶的催化作用下，有足够氧供给的条件下，能将这些有毒和耗氧的有机物质氧化，分解为无毒或毒性较低不再耗氧的物质（主要是二氧化碳和水）而除去。污水和空气连续不断地进入爆气池并和活性污泥充分混合，使污水中所含的有机物在活性污泥作用下被氧化除去。为了使微生物能顺利成长，还须加入一定数量的氮、磷和微量的无机盐类，作为微生物的营养。采用曝气池处理丙烯腈生产废水的主要缺点是在曝气过程中易挥发的氧化物会随空气逸至大气，造成二次污染。目前广泛采用生物转盘法处理，质量浓度为 50~60mg/L 的丙烯腈污水处理后，CN^- 的脱除率可达 99%，且不会造成二次污染。

五、丙烯腈生产过程危害及控制技术

（一）火灾爆炸危险控制

丙烯腈生产中所使用的原料和产品有些是易燃易爆品，丙烯、氨、丙烯腈、丙烯醛、氢氰酸、丙烷等与空气混合，在某一浓度范围内，遇明火、强烈震动、静电火花或高温，会发生爆炸。可燃物浓度的下限称爆炸极限下限，低于这一浓度就不会发生爆炸，当可燃物浓度高于爆炸范围的上限，也不会发生爆炸，这一上限又称爆炸极限上限。

爆炸极限与温度、压力和有否掺入惰性气体有关，温度升高，下限降低，压力升高，上下限均扩大，这两种情况都使爆炸极限扩大，爆炸可能性增加。相反，惰性物质，例如 N_2、CO_2、H_2O 等的掺入，使爆炸极限缩小，不容易爆炸。为避免发生爆炸，降低可燃物浓度是最好的办法。为此，在操作现场，要设置通风机，使设备管路中逸出的可燃气体及时稀释并排出车间，库房中也应设置通风机，让室内空气保持流通。要杜绝火种，生产现场严禁吸烟、动火，不允许穿带铁钉的鞋子，严禁用铁锤或其他铁件敲击设备和管路。所有设备、管路要严格接地，防止静电的积聚。库房中除注意通风外，还要防热、防晒、防燥和注意防火。发生火灾时，往往会引起连锁爆炸。为此，车间每层操作室部应放置灭火器具，如砂箱、灭火机、水龙等，车间周围道路要畅通，使消防车能自由进出，车间操作台至少设置两个出口楼梯，便于紧急情况下人员的疏散等。为防止上述化学品在贮存和运输过程中发生爆炸事故，除通风、防火、防晒、降温等措施外，还须在贮存设备中加入阻聚剂。因丙烯腈、氢氰酸等容易自聚，产生高温，反过来又促进自聚，形成恶性循环，最后酿成爆炸事故。

可燃物的贮罐区要与车间保持一定距离，各可燃物要分开贮存或堆放，库房运货的汽车排气口处要装上火星熄灭器。

厂房应采用框架结构，要有一定层高，以利通风和泄压，电器要防爆，电缆要暗埋，照明灯具也应防爆。

硫酸和液碱有很强的腐蚀性，操作中应严格遵守操作规程。

（二）职业卫生管理和环境保护

丙烯腈生产过程所涉及的原料、产品、中间产品，如丙烯、氨、氢氰酸、乙腈和丙烯腈等，有些是有毒品，有些是剧毒品。与厂区与居民住宅区之间的距离不得少于 500m。在生产现场，丙烯腈、氢氰酸和乙腈等有毒物品可通过呼吸道和皮肤接触使人中毒，中毒者会出现恶心、呕吐、头痛、极度乏力和意识模糊等症状，因此，要求设备要密闭，操作时要戴防护用具。溅到衣服上应立即脱下，用水清洗。溅及皮肤，要立即用水冲洗。溅入眼内，应立即用流水冲洗 15min 以上。不慎吞入时，则用温盐水洗胃，如果出现中毒症状，应立即用硫代硫酸钠、亚硝酸钠进行静脉注射。若吸入氰化物蒸气，应立即将人移至空气新鲜处，然后静脉注射硫代硫酸钠和亚硝酸钠解毒。

在山沟中建丙烯腈工厂，要造足够高的烟囱，将有毒气体及时散发出去，否则有毒气体在厂区范围内会积累，易造成大范围中毒事故。

（三）氧化反应器的安全操作

采用流化床反应器，氧化剂空气和原料气分别进料，进料较安全，原料混合气的配比可不受爆炸极限的限制，因不需要用水蒸气做稀释，对催化剂以及对后处理过程减少含氰污水的排放量都有好处。现工业上都采用这种形式的反应器。空气经分布板自床的底部进入催化剂床层流化催化剂，并把吸附在催化剂表面的还原性物质碳氢组分解吸下来，使催化剂保持高的氧化状态。丙烯和氨的混合气经过分配管，在离空气分布板一定距离处进入床层，在床层中与空气会合发生氨氧化反应。

流化床的中部是反应段，是关键部分，内放一定粒度的催化剂，并设置有一定传热面积的 U 形或直形冷却管。在反应段可以除冷却管外不设置任何破碎气泡的构件，也可以设置一定数量的导向挡板或挡网，设置这些构件有利于破碎大气泡，改善气固相之间的接触，减少返混，从而改善流化质量。但限制了催化剂的轴向混合，使床层浓度差增大，使反应器的结构复杂。由于催化剂不断与挡板或挡网碰撞，磨损率增加。所以，内部无构件的流化床反应器，垂直的冷却管也可起到破裂大气泡改善流化质量的作用。使用这种类型的反应器，一般是采用细粒度催化剂和较低操作线速，以获得较好的流化质量。催化剂中必定要有一定比例的对改善流化质量很有影响的良好粒度。

小于 44μm 的催化剂颗粒对改善流化质量很有影响，称为良好组分。由于在反应过程中这些细粒催化剂可能被反应气流带走，因而使催化剂的粒度分布发生变化，导致流化质量下降，故在反应器内须设置有破碎催化剂的喷嘴，必要时可使用。

反应器上部是扩大段，在扩大段由于床径扩大，气体流速减慢，有利于为气流夹带的催化剂的沉降。为了进一步回收催化剂，设置有 2~3 级旋风分离器一组或数组（也可设置催化剂过滤管）。由旋风分离装置捕集回收的催化剂，通过下降管回收至反应器。在扩大段一般不设置冷却器，如氧化反应在此继续进行，就会发生超温燃烧现象，故反应气体产物中氧的残余浓度不宜过高。

虽然流化床反应器有上述这些缺点，但其总的效果是不错的。尤其对于敏感的氧化反应，采用流化床反应器，可以消除局部过热，有效地控制反应温度，避免出现飞温。

第四章　烧碱生产工艺过程安全分析

第一节　一次盐水工艺过程安全分析

烧碱生产工业是最基本化工原材料制备产业之一。在电解食盐水生产烧碱的过程中还同时产生氯气和氢气。烧碱应用范围非常广泛，比如在石油精炼、印染、纺织纤维、造纸、土壤治理、化学试剂、橡胶、冶金、陶瓷等领域都有应用，其中，在冶金行业的氧化铝制备和纺织行业的黏胶短纤制备中，烧碱的使用量相对较大。

工业上制备烧碱，历史上曾使用过苛化法，是用纯碱水溶液与石灰乳通过苛化反应来制备烧碱，该方法产品单一、成本较高，后来基本被电解法取代。电解法是用直流电电解食盐水生产烧碱，同时副产氯气和氢气。电解法制烧碱有水银法、隔膜法和离子交换膜法。水银法是氯碱工业发展历史上重要的里程碑，由于涉及汞污染和危害，已基本被淘汰。离子交换膜法和隔膜法、水银法相比，具有投资少、成本低、能耗低、产品质量好、无污染等优点，是烧碱工业化制备中最先进的技术。离子交换膜法制备烧碱，电解液中烧碱含量为32% ~35%，可作为32%浓度的液碱直接销售，也可浓缩成浓度为50%的液碱销售，然后50%的液碱还可进一步浓缩成含量为96%或99%的固碱。

世界烧碱工业正朝着集中化、大型化、产品系列化、经济规模化方向发展，这既是烧碱工业发展规律的集中体现，也是现代工业和科技发展的必然趋势。烧碱生产过程涉及烧碱、液氯、盐酸、氢气等危险化学品，其中氯、氢为首批重点监管的危险化学品。电解工艺（氯碱）为重点监管危险化工工艺，生产过程具有高度危险性，存在火灾、爆炸、中毒等危险因素，一旦出现事故，不但会造成人员伤害而且可能会引起影响社会稳定的公共危机事件。烧碱生产过程事故的发生与工艺流程紧密相关。一套完整化工流程就是一个复杂的大系统，因此，事故的发生往往是渐变的，而后果往往又十分严重。有必要了解烧碱生产过程中的基本工艺，并熟悉影响生产过程的各种工艺参数。在此基础上，运用安全系统工程的原理和专业安全分析方法，对烧碱生产工艺过程进行安全分析，并能采取措施保障烧碱生产过程安全。

离子膜法制碱是20世纪80年代发展的新技术，能耗低，产品质量高，生产稳定安全，且无有害物质的污染，与隔膜法、水银法和苛化法制碱相比具有较大的优势。我国目前的烧碱装置已广泛采用离子膜法，从最初的全部采用引进技术，到90年代具有自主知识产权的国产化离子膜法电解槽也逐步推广。基于此，本节以离子膜电解工艺作为分析对象。其生产工艺主要包括一次盐水工艺、二次盐水精制及电解工艺、氯氢处理工艺、高纯盐酸合成工艺、液氯及包装工艺、蒸发及固碱工艺等。

一、一次盐水工艺流程

（一）原盐储运

生产烧碱的原料是工业盐，东部沿海地区的氯碱企业主要使用海盐，西北地区氯碱企业主要使用湖盐。普通工业原盐除主要含有氯化钠（$NaCl$）外，还含有氯化镁（$MgCl_2$）、硫酸镁（$MgSO_4$）、氯化钙（$CaCl_2$）、硫酸钙（$CaSO_4$）、硫酸钠（Na_2SO_4）等化学杂质，另外，还含有泥沙及其他不溶性的机械杂质。

原盐储存的方式有干法和湿法两种。干法如露天盐场、库棚、仓库以及筒式盐仓等；湿法如地下池式盐库。老式的原盐运送方式多采用栈桥或皮带，但此种方式非常占地，工程费用也过高。现在的氯碱厂都采用装载机或铲车上盐，操作方便，投资上也非常节省。

（二）一次盐水精制

原盐中含有 Ca^{2+}、Mg^{2+}、SO_4^{2-} 化学杂质及机械杂质，这些杂质在溶盐（化盐）时也被带进盐水中，用含有杂质的盐水去进行电解，易造成离子膜的堵塞，对电解有害。因此，必须除去。一次盐水精制工艺主要有：①传统盐水精制工艺；②有机膜法精制工艺；③无机膜法直接过滤工艺。下面分别对三种工艺过程进行简述，并比较这三种工艺的优缺点。

1. 传统盐水精制工艺

原盐用皮带输送进入化盐桶，温度为45~55℃的粗盐水溢流到粗盐水槽，经粗盐水泵打至预混合槽，在预混合槽里加入过量的 Na_2CO_3 溶液和 $NaOH$ 溶液，用以除去 Ca^{2+}、Mg^{2+}。通过加入 $BaCl_2$ 溶液，用以除去 SO_4^{2-}。Ca^{2+} 生成了 $CaCO_3$ 沉淀物，Mg^{2+} 生成了 $Mg(OH)_2$ 淀物，SO_4^{2-} 生成了 $BaSO_4$ 沉淀物，反应方程式：

$$Ca^{2+} + CO_3{}^{2-} = CaCO_3 \tag{4-1}$$

$$Mg^{2+} + 2OH^{-} = Mg(OH)_2 \tag{4-2}$$

$$Ba^{2+} + SO_4{}^{2-} = BaSO_4 \tag{4-3}$$

反应后的盐水由混合槽加料泵送至混合槽，在其中加入絮凝剂如聚丙烯酸钠，使 $CaCO_3$、$Mg(OH)_2$ 等沉淀物易形成较大直径颗粒，加快沉降。粗盐水自混合槽溢流至澄清桶，在澄清桶反应室中继续与絮凝剂反应，然后进入澄清区。澄清盐水由澄清桶上部溢流至砂滤器，盐泥由集泥耙子推至澄清桶底部，间断排出，最终送往盐泥压滤机处理。

传统盐水精制工艺优点：过程简便，易掌握；检修次数少且维修费用低。缺点是：生产装置大，占地面积多；自动化不高，碳素管过滤器操作复杂，过滤后的盐水固体悬浮物（以下简称“SS”）仍然比较高；澄清桶容易返浑，恢复时间长；砂滤带入硅污染；系统对原传统盐水精制过程主要的设备有化盐桶、反应桶、澄清桶、砂滤器、盐泥压滤机等。

如某厂改良道尔型澄清桶，由两个倒圆锥焊接而成，其有效容积 2 712m^3。内部接触液体部分衬鳞片玻璃钢、树脂，中间有一反应室，盐水在此与絮凝剂反应，生成的盐泥颗粒在浮动的同时，碰撞斜壁，加速沉降。为使反应完全，反应室内有六组浆式搅拌器。在澄清桶内部，盐水自下而上改变流向时，自然形成泥封层，泥浆沉积在澄清桶底部，由一组泥耙子将其排至锥底，盐泥定期从底部排出，而盐水清液上升后由上部集流管汇集后排出。

2. 有机膜法精制工艺

以凯膜、戈尔膜为代表的有机膜法过滤技术的应用，提高了我国的盐水质量，缩短了我国氯碱企业一次盐水质量与国外先进工业化国家的距离。

凯膜过滤盐水精制工艺流程：自化盐桶来的饱和粗盐水，按工艺要求分别加入质量分数为32%的氢氧化钠溶液和质量分数为1%的次氯酸钠溶液后，自流入前反应器；粗盐水中的镁离子与精制剂氢氧化钠反应，生成氢氧化镁，菌藻类、腐殖酸等天然有机物则被次氯酸钠氧化分解成为小分子有机物。用加压泵将前反应器内的粗盐水送至加压溶气罐溶气，再进入预处理器，并在预处理器进口加质量分数为1%的 $FeCl_3$ 溶液（清液从上部溢流而出，进入后反应器）；同时，再加入作为精制剂的质量分数为20%的碳酸钠溶液（盐水中的钙离子与碳酸钠反应形成碳酸钙作为凯膜过滤的助滤剂）；充分反应后的盐水自流入中间槽，并由供料泵送入凯膜过滤器过滤；过滤后的盐水加入质量分数为5%的亚硫酸钠溶液，除去盐水中的游离氯后，进入一次精制盐水储槽。预处理器和凯膜过滤器底部排出的滤渣进入盐泥池，统一处理。

此工艺经过长时间的运用，技术成熟，应用广泛。该工艺的优点：膜过滤后盐水质量稳定且 SS 含量小，完全达到二次盐水工艺要求；对盐水中的 Ca^{2+}、Mg^{2+} 分段处理，去除杂质彻底；工艺流程较传统工艺简短、自动化程度高、操作简便；适应原盐的多样性，有利于降低成本。缺点：有机膜运行寿命短，且易受损害；膜的价格昂贵，维护费用高。

凯膜过滤盐水精制工艺的主要设备有化盐桶（或化盐池）、前反应器、气水混合器、加压溶气罐、文丘里混合器、预处理器、后反应器、凯膜过滤器、澄清桶、盐泥压滤机以及各种储槽和泵。

（1）凯膜过滤器

凯膜过滤器是整个装置中的关键设备，与其配套的有反冲罐、HFV 挠性阀门、管道和控制系统。

（2）预处理器

预处理器为浮上澄清桶，与加压泵、气水混合器、加压溶气罐和文丘里混合器一起构成了加压浮上澄清系统。加压泵、气水混合器和加压溶气罐的作用是增大盐水的压力和流速，使空气最大量地溶解到盐水之中。

3. 无机膜法直接过滤工艺

以陶瓷膜为代表的无机膜法直接过滤工艺是近年新兴的一次盐水精制技术，其独到的过滤技术、投资省、占地少以及优良的操作弹性受到广大氯碱企业的青睐。

陶瓷膜法过滤的工艺流程：来自化盐桶的饱和粗盐水溢流入反应槽，依次加入质量分数为32%的氢氧化钠、质量分数为1%的次氯酸钠和质量分数为20%的碳酸钠溶液，除去Ca^{2+}、Mg^{2+}等无机杂质以及细菌、藻类残体、腐殖酸等天然有机物；反应槽中的碳酸钠溶液与粗盐水中的钙离子完全反应，生成碳酸钙结晶沉淀后，氢氧化钠溶液与粗盐水中的镁离子反应生成氢氧化镁胶体沉淀；完成精制反应的粗盐水自流入中间槽，再用供料泵经粗盐水过滤器除去机械杂物后、送往陶瓷膜过滤单元。陶瓷膜过滤单元采用三级串联错流过滤方式，粗盐水料液经循环泵先送入陶瓷膜过滤器一级过滤组件，经一级过滤的浓缩液进入二级过滤组件，经二级过滤的浓缩液进入三级过滤组件。自陶瓷膜三级过滤出口流出的浓缩盐水按比例和浓度排出一小部分进入泥浆池，其余的返回盐水循环泵进口与供料泵送来的粗盐水混合（用于调整进料液的固液比），进入过滤循环泵进口，用于控制浓缩液的含固量和保证膜面的流速；然后，经过滤循环泵返回陶瓷膜过滤器，循环过滤。各级过滤组件过滤出的精制过滤盐水通过陶瓷膜过滤器各级渗透清液出口排出，进入精制盐水槽。

陶瓷膜法直接过滤工艺的优点明显：相对传统工艺和有机膜法过滤，减少了澄清桶、砂滤和预处理，简化了流程，有效降低投资成本，减少占地面积；克服传统工艺中带来的硅污染，且无须对粗盐水进行分段复杂的前处理，只要过碱量控制稳定，反应停留时间足够，经过陶瓷膜过滤之后即可得到合格的精盐水；不受原盐中钙镁比例偏差大的影响，降低对原盐的要求。

二、本工段的工艺安全、常见事故及防控措施

（一）生产过程特点

1. 蒸汽加热、升温运行

由于氯化钠在水中溶解度与溶解速率和温度成正比关系，因此，原盐在水中溶解时要采用蒸汽加热升温来提高氯化钠溶解度及加速溶解率，缩短溶解操作过程的时间。操作过程中要避免蒸汽烫伤；同时设备管道设计安装时要考虑热胀冷缩，要有隔热保温措施。

2. 碱液飞溅造成化学灼伤

盐水精制过程中用到的 NaOH 和 Na_2CO_3，都是强碱腐蚀性化学品，一旦飞溅到人体或眼睛等器官会造成化学灼伤。

3. 设备易腐蚀

本工艺的设备大部分均为钢制材质构成，长期接触盐及盐水、碱性介质等，十分容易产生腐蚀现象，如盐水储桶、澄清桶、化盐桶等液位变化频繁的气液交界部分属腐蚀多发区域，应作为日常巡回检查及检修的重点，预防设备因腐蚀失效泄漏伤人，或操作人员发生坠落伤亡事故。

4. 精制剂氯化钡属高毒类化学品

盐水中含硫酸根浓度高，会影响电流效率及增加副反应产生数量，造成氯中含氧量增加等弊病。常用加精制剂氯化钡去除硫酸根，生成物为白色沉淀物硫酸钡。氯化钡属高毒类危害品，长期接触对上呼吸道和眼结膜有刺激作用，引起恶心呕吐、腹痛、腹泻，继而头晕、耳鸣、四肢无力、心悸、气短，重者可因呼吸麻痹而致死。因此要密闭操作，防止粉尘飞扬，做好局部排风。

除盐水中硫酸根方法主要有：化学沉淀法、离子交换法、纳米膜过滤法、硫酸钠结晶法（冷冻法）、盐水排放法。传统的化学沉淀法虽然简单，但成本较高，有毒。

加拿大凯密迪公司开发的纳米膜过滤技术（简称 SRS）利用膜对 SO_4^{2-} 的排斥作用，将 SO_4^{2-} 从盐水中分离出来。

应用两性离子交换树脂，可以同时除去 SO_4^{2-} 及氯酸。缺点是消耗的软水量较大。

（二）常见事故及防控措施

【事故 1】盐场中的原盐长期堆放后变硬结块，在取盐处理时发生大面积盐层突然坍塌，造成现场操作人员被掩埋的人身伤亡事故。

产生原因：原盐中含有杂质氯化镁，氯化镁极易潮解。长期存放的粒状原盐内含氯化镁，由于氯化镁不断吸收空气水分发生潮解，使原盐极易结成硬块状，无法正常装卸运输。在取盐操作时，不严格执行安全操作规程，人在盐层下方，盐层坍塌造成操作人员被堆埋产生伤亡事故。

预防措施：长期存放的原盐，要做到先入库的先用，定期翻仓，避免日久天长原盐板结成硬块盐。在处理结成硬块盐堆时，要做好有关防护措施，专人监护，对盐场进行认真巡回检查，防止盐层突发塌方。防止违章操作，禁止蛮干。在危险地段盐层处理操作时，人员不可站在盐层下方，要具备足够的安全设施方可操作。

【事故 2】化盐系统中采用地下设备，由于缺少必要栅栏等安全防护装置，或锈蚀严重失效及思想麻痹，造成操作人员不慎跌入，发生烫伤事故。

产生原因：原盐溶解中须用蒸汽加热升温，盐水温度一般控制在 50~60℃，操作人员在地下化盐设备进行操作时，如栅栏等安全防护装置不全或残缺，操作人员思想麻痹，注意力不集中，造成操作人员不慎跌入热盐水中，发生烫伤事故。

预防措施：应经常检查栅栏、踏板及防护装置的被腐蚀情况，防止因腐蚀失效伤人。凡在化盐系统中采用地下及地面设备的，均要进行加盖或做好防护栅栏及醒目的安全标志，提醒操作人员的注意力，防止不慎落入热盐水中造成烫伤事故。

【事故 3】盐水中含铵量超标，造成进入电解槽的盐水含铵量超标，结果导致液氯系统中发生三氯化氮爆炸事故。

产生原因：三氯化氮在常温下是黄色的黏稠状液体，具葱辣刺激味，沸点 71℃（液氯沸点为-34℃），相对密度 1.65，自燃爆炸温度 95℃；在空气中易挥发、不稳定，遇光易分解，是一种极易爆炸的物质。当电解时精制盐水中含有铵或胺时，在电解槽阳极 pH ≤5 的条件下，铵或胺将与氯气或次氯酸反应生成三氯化氮，并随氯气带入液氯系统中。此物质会富集积累在液氯系统中，受到光、热、撞击等就会发生爆炸，严重的会造成机毁人亡事故。

预防措施：每天取样分析测试一次入电解槽盐水的含铵量，要求无机铵≤1mg/L，总铵≤4mg/L。如发现有超标情况须及时查找原因，查找污染源，并采取相应措施及时给予排除。也可加入次氯酸钠、氯水或通氯等方法进行除氨。另外，可对气相氯中含三氯化氮量进行分析，要求三氯化氮≤50ppm。发现超标时，及时通知液氯工段密切注意，并采取相应的安全措施，如采用加大对低含量三氯化氮的液氯排放等。总之，控制槽盐水含铵量是关键。

第二节　二次盐水精制及电解工艺过程安全分析

一、二次盐水精制工艺流程

（一）二次盐水精制的目的

一次精制盐水中钙镁离子的总含量在10ppm（$1ppm=10^{-6}$）以内，仍不能满足离子膜对盐水质量的要求。如果钙镁超标的盐水进入电解槽，就会引起电解槽运行的重要指标槽电压的升高，因此，仅仅一次精制盐水是不够的。需将过滤盐水进入树脂塔系统，通过螯合树脂的作用，使其中的钙、镁离子降到20ppb（$1ppb=1\times10^{-9}$）以下，这样更有利于电解槽的长期运行。

二次盐水精制的主要工艺设备是螯合树脂塔，分二塔式和三塔式流程。利用螯合树脂处理一次精制盐水的作用是进一步除去其中微量的钙离子、镁离子及其他的杂质。塔的运行与再生处理及其周期性切换程序控制，可由程序控制器PLC实现，PLC与集散控制系统DCS可以实现数据通信，也可以直接由DCS实现控制。

（二）二次盐水精制工艺流程

树脂塔二次精制盐水生产工艺有三塔流程和两塔流程之分。采用三塔流程，可确保在一台阳离子交换塔再生时有两塔串联运行，以满足电解工艺对二次精制盐水的工艺要求。以三塔流程生产为例，一次过滤盐水经加酸酸化调节pH值为9±0.5，进入一次过滤盐水罐。用一次过滤盐水泵送至板式盐水换热器预热至（60±5)℃，然后进入三台阳离子交换塔，从离子交换塔流出的二次精制盐水流入二次精制盐水槽，然后用二次精盐水泵送往电解单元。离子交换塔再生时产生的废液流入再生废水坑，废液经中和后，再由再生废水泵送往一次盐水工艺化盐。

（三）螯合树脂塔工艺操作安全分析

根据工艺要求，进塔盐水温度为（60±5)℃；通过控制塔前盐水换热器来调节盐水温度在规定温度范围内，避免盐水温度的过高或过低，以免造成过高温度的盐水使塔内过滤元件变形，使盐水阻力加大和精制盐水质量下降。

电解槽的电解温度一般靠阴极碱液换热器来调节，而不能单纯靠升高或降低盐水温度来调节。

进塔盐水浓度为（305±5）g/L；过高浓度的盐水易产生结晶，有可能使树脂塔运行压力增高，造成塔内过滤元件（水帽）变形，甚至使控制仪表和阀门失灵而造成运行事故。

盐水中一些金属离子（如 Fe 离子）的严重超标还可能造成螯合树脂的板结，同样会造成树脂塔运行压力增高，造成塔内过滤元件（水帽）变形，影响树脂再生的效果和盐水精制质量。另外，对树脂反洗纯水的流量要有严格的调节控制。

二、电解工艺流程

（一）电解工艺

电流通过电解质溶液或熔融电解质时，在两个极上所引起的化学变化称为电解反应。涉及电解反应的工艺过程为电解工艺。许多基本化学工业产品（氢、氧、氯、烧碱、过氧化氢等）的制备，都可通过电解来实现。

电解工艺在化学工业中有广泛的应用，氯化钠水溶液电解生产氯气、氢氧化钠、氢气就是电解过程在化工中应用的一个重要例子。

1. 电解工艺原理

食盐水电解的方程式：

$$2NaCl + 2H_2O \rightarrow Cl_2\uparrow + H_2\uparrow + 2NaOH \tag{4-4}$$

当电解食盐水溶液时，在电极和溶液界面上，分别进行 Cl^-离子的氧化反应和 H_2O 分子（或 H^+离子）的还原反应：

在阳极上氯离子放电变成氯原子，随后变成氯分子逸出。

$$2\,Cl^- - 2e^- \rightarrow 2Cl\,(\text{氧化反应}) \tag{4-5}$$

$$2Cl \rightarrow Cl_2 \tag{4-6}$$

在阴极上氢离子放电变成氢原子，随后变成氢分子逸出。

$$2H_2O + 2e^- \rightarrow 2\,OH^- + 2H^-\,(\text{还原反应}) \tag{4-7}$$

$$2H \rightarrow H_2\uparrow \tag{4-8}$$

溶液中不放电的钠离子和氢氧根离子则在阴极附近结合生成氢氧化钠，即：

$$Na^+ + OH^- \rightarrow NaOH \tag{4-9}$$

由此可见，电解过程的实质是，电解质溶液在直流电的作用下，阳极和溶液的界面上进行氧化反应，而在阴极和溶液的界面上进行还原反应。这种有电子参加的化学反应，称为电化学反应。利用直流电分解饱和食盐水溶液的整个过程，称为“电解过程”。因此，从食盐水溶液制 Cl_2、NaOH 和 H_2 的反应，是由电能转变为化学能的过程。

在利用离子交换膜法对饱和氯化钠溶液进行电解制碱的过程中，对电解槽的阴极室和阳极室进行分离时采用的是阳离子交换膜（这种膜是一种阳离子选择性膜，只允许钠离子通过，而对氢氧根离子起阻止作用，同时还能阻止氯化钠的扩散），然后向阳极室提供盐水，向阴极室提供纯水，通直流电进行电解制得烧碱、氯气和氢气。饱和的盐水加入阳极室，纯水加入阴极室，在对其进行通电时，钠离子会穿过阳离子交换膜进入阴极室与氢氧根离子结合生成氢氧化钠（外部供给阴极室纯水来保持一定的烧碱浓度），而氢离子在阴极表面进行放电生成氢气逸出水面，氯离子在阳极表面进行放电生成氯气逸出水面。

离子膜电解槽所使用的阳离子交换膜的膜体中有活性磺酸基团，它是由带负电荷的固定离子如 SO_3^-、COO^-，同一个带正电荷的对离子 Na^+形成静电键，磺酸型阳离子交换膜的化学结构简式为

$$R \rightarrow SO_3^- \rightarrow H^+ (Na^+) \tag{4-10}$$

由于该磺酸基团具有亲水性能，而使离子交换膜在水溶液中融胀，膜体结构变松，从而造成许多细微弯曲的通道，使其活性磺酸基团中的对离子 Na^+可以与水溶液中的同电荷的 Na^+进行交换。与此同时膜中的活性磺酸基团中的固定离子具有排斥 Cl^-和 OH^-的能力。水合钠离子从阳极室透过离子膜迁移到阴极室，水分子也伴随着迁移。阴极附近形成的 OH^-和从阳极室通过离子膜进入阴极室的 Na^+生成高纯度的 NaOH 溶液。

2. **离子膜电解工艺流程**

合格的精制氯化钠溶液通过流量控制阀调节流量后进入电解槽阳极室，阴极室加纯水，在直流电的作用下发生电解反应。电解槽的阴阳极室通过离子交换膜隔开。电解得到的物质有三种，它们分别为氢氧化钠溶液、氢气以及氯气，并送往氯氢工艺对氯气、氢气进行洗涤、冷却、干燥、压缩，送往盐酸工艺合成氯化氢气体并送往下游工艺，废氯气用于合成次氯酸钠。氢氧化钠送往下游烧碱蒸发工艺。

（二）离子膜电解槽

每台离子膜电解槽都是由若干个电解单元组成，每个电解单元都由阴极、阳极和离子膜组成。离子膜电解槽又分为单极式和复极式两种，其主要区别仅在于电解槽直流电路的供电方式不同：单极式电解槽槽内直流电路是并联的，通过各单元槽的电流之和即为一台单极槽的总电流，而各个单元槽的电压则是相等的，所以每台单极槽是高电流、低电压运转；而复极槽则相反，槽内各单元槽的直流电路是串联的，各单元槽的电流相等，其总电

压则是各单元槽电压之和，所以每台复极槽是低电流、高电压运转，变流效率较高。

有的离子膜电解槽为板式压滤机型结构：在长方形的金属框内有爆炸复合的钛-钢薄板隔开阳极室和阴极室，拉网状的带有活性涂层的金属阳极和阴极分别焊接在隔板两侧的肋片上，离子膜夹在阴阳两极之间构成一个单元电解槽。大约 100 个单元电解槽通过液压装置组成一台电解器。另外，还有类似板式换热器的结构，由冲压的轻型钛板阳极、离子膜和冲压的镜板阴极夹在一起，构成单元电解槽。若干个单元电解槽夹在两块端板之间组成一台电解槽。

三、电解工艺过程安全分析

（一）影响电解槽运行的因素

1. 盐水质量

（1）盐水中 Ca^{2+} 的影响

第一，降低电流效率。在靠近膜阴极侧表面的羧基聚合物层中形成沉积物，包括氢氧化物、硅酸盐、磷酸盐、硅酸铝酸盐等，其中氢氧化物的晶体对膜的影响最大，因为它会在靠近阴极最近的位置形成最大的晶体。

第二，沉积物含量高时，电压可能轻微上升。

（2）Mg^{2+} 的影响

第一，Mg^{2+} 对电流效率的影响较小。

第二，Mg^{2+} 在膜阳极侧表面附近，呈层状物积蓄，主要是氢氧化物沉淀，使槽电压升高。

（3）SO_4^{2-} 的影响

SO_4^{2-} 与 Na^+ 在阴极表面附近形成 Na_2SO_4 结晶或与 NaOH 及 NaCl 形成三聚物。其危害与 $Ca(OH)_2$ 相似。

2. 盐水 pH 值

离子膜二次盐水 pH 值小于 8 时，树脂会从 R-Na 转变为 R-H 型，从而降低树脂的交换能力。pH 值大于 12 时，氢氧化物会沉积在树脂中，从而影响离子交换能力。在生产过程中 pH 值应控制为 8. 5~9. 5。

3. 高纯盐酸质量

向阳极液中加入高纯盐酸，可以除去反渗过来的氢氧根离子，减少阳极上析出的氯消耗，还可以降低氯中含氧量，从而提高阳极的电流效率。由于高纯盐酸直接进槽，离子膜电解装置对其质量有着极其严格的工艺要求。

尤其应引起注意的是，若 Fe^{3+} 长期超标，对膜性能的影响不可忽视。高纯盐酸中游离氯的超标会使离子交换塔中的螯合树脂再生时中毒，影响再生效果，从而使离子交换塔在线运行时间缩短，若仍按原再生时间进行再生，将不能保证二次盐水出塔质量。向阳极液中加酸时应注意不能过量，否则，连续运行会引起膜鼓泡。

4. 阳极液 NaCl 浓度

阳极液 NaCl 的浓度太低时，水合钠离子中结合水太多，膜的含水率增大。阴极室中的 OPT 反渗透，导致电流效率下降，且阳极液中的氯离子通过扩散到阴极室，导致碱中含盐增多。更严重的是，在低 NaCl 质量浓度（低于 50g/L）下运行，离子交换膜会严重起泡、分离直到永久性损坏。阳极液中 NaCl 的浓度也不能太高，以免槽电压上升。因此，生产中将阳极液中 NaCl 的质量浓度控制在（210±10）g/L，不得低于 170g/L。

5. 阳极液 pH 值

离子膜电解槽对出槽阳极液 pH 值进行控制，电解槽加酸，一般 pH 值为 2~3；电解槽不加酸一般 pH 值为 3~5。阳极液 pH 值对电流效率、槽电压、产品质量的影响如下：

①阴极液中的 OH^- 通过离子膜向阳极室反渗，不仅直接降低阴极电流效率，而且反渗到阳极室的 OH^- 还会与溶解于盐水中初氯发生一系列副反应。这些反应导致阳极上析氯的消耗，使阳极效率下降。采取向阳极液中添加盐酸的方法，可以将反渗过来的 OH^- 与 HC_1 反应除去，从而提高阳极电流效率。

②当今工业化用的离子膜，绝大多数是全氟磺酸和全氟羧酸复合膜。全氟羧酸在 $-COO^-$ 和 Na^+ 存在的情况下，具有优良的性能，如果羧酸基变为 $-COOH$ 型，就不能作为离子膜工作了。因此，必须使阳极液的 pH 值高于一定值，否则膜内部就要因发生水泡而受到破坏，使膜电阻上升，从而导致电解槽电压急剧升高。阳极液加酸不能过量且要均匀，严格控制阳极液的 pH 值不低于 2。

③采取向阳极液中添加盐酸的方法，可以将反渗过来的反应除去，不仅可提高阳极电流效率，而且可降低氯中含氧和阳极液氯酸盐含量。可延长阳极涂层的寿命。

6. 阴极液 NaOH 浓度

当阴极液 NaOH 的浓度上升时，膜的含水率降低，膜内固定的离子浓度随之上升，膜的交换容量变大，电流效率上升。随着 NaOH 浓度的继续升高，由于 OH^- 的反渗透作用，膜中的 OH^- 浓度也增大。

如果 OH^- 反渗透到阳极侧，会与阳极液中溶解的氯发生反应，导致电流效率明显下降，同时使氯中含氧量升高。

生产中常采用在阳极室内加盐酸调整 pH 值的方法提高阳极电流效率，降低阳极液中的氯酸盐和氯中含氧量。

7. **电解槽温度**

适宜的槽温随电流密度的变化而变化，最佳槽温一般控制在 85~90℃。在此范围内，温度的上升会使膜的孔隙增大，有助于提高膜的电导率，降低槽电压，同时有助于提高电解液的电导率，降低溶液的电压降。但槽温不能超过 90℃，否则，水蒸发量增加，导致气液比增加，使电压上升，同时因电解液趋向沸腾，加速膜性能的恶化，电流效率难以恢复到原来的水平，也加剧了电极的腐蚀和活性涂层的钝化。

（二）工艺危险特点

1. **易燃易爆**

电解食盐水过程中产生的氢气是极易燃烧的气体，氯气是氧化性很强的剧毒气体，两种气体混合极易发生爆炸，当氯气中含氢量达到 5%以上，则随时可能在光照或受热情况下发生爆炸。氢气与空气也能形成易燃易爆的混合气体，当设备或管道有氢气外泄，有可能发生燃烧或爆炸事故。

如果盐水中存在的铵盐超标，在适宜的条件（pH<4.5）下，铵盐和氯作用可生成氯化铵，浓氯化铵溶液与氯还可生成黄色油状的三氯化氮，并随氯气带入后面的生产工艺，反应方程式为：

$$NH_4^+ + 3Cl_2 \rightarrow NCl_3 + 3HCl + H^+ \tag{4-11}$$

三氯化氮是一种爆炸性物质，有类似于氯的刺激性臭味，在空气中易挥发，当气相中三氯化氮的体积分数达 5%时，就有爆炸的可能。与许多有机物接触或加热至 90℃以上以及被撞击、摩擦等，即发生剧烈的分解而爆炸。三氯化氮对皮肤、眼睛黏膜及呼吸道均有刺激作用，并有较大毒性，在液氯系统应保证任何气相中的三氯化氮体积分数不能超过 5%。在生产中一般将液氯中的三氯化氮含量控制在 60g/L 以下，如果超过 100g/L 时应增加排污次数并查找原因。

2. **强腐蚀性**

生产的烧碱，浓度高，具有强腐蚀性，能腐蚀人的肌肤，溅入眼睛严重的能引起失明。生产过程中还使用其他化学品如盐酸，也具有强腐蚀性能。因此必须做到：

第一，穿戴必需的防护用品，检修时必须戴好防护眼镜、手套和安全帽。

第二，检修前，设备、管道必须先放空、清洗，确认无物料时才能拆开检修。

第三，如遇皮肤、眼睛被酸、碱溅入，应立即在现场用大量冷水或硼酸水冲洗，严重者应在上述冲洗措施的同时立即送往医院治疗。

另外，杂散电流易引起设备、管道的电腐蚀，因此，在设计时必须考虑断电装置，或采用防腐蚀电极的方法予以保护；同时，设备、管道应采用防腐材质或绝缘材质。

3. 有毒

电解过程中产生的氯气，是一种有毒的气体，空气中含量达到一定浓度就能使人致死。为了防止氯气在生产车间、厂房内泄漏，应维持电解槽和设备管道中的氯气处于负压状态，以保证设备管道及连接处的密封性。

若发生氯气中毒事故，应及时将中毒人员撤至空气新鲜处，必要时给予输氧，并及时送往医院。因考虑肺水肿的可能，故严禁对中毒者施以人工呼吸。静卧保暖，静注10%葡萄糖酸钙或地塞米松。必须记住不能喝含酒的饮料。对黏膜、皮肤损伤者应及时用大量清水冲洗患处，必要时送医院治疗。

4. 强电流

电解过程中使用的是强大的直流电，易使人触电身亡。因此要求：①操作人员必须穿绝缘鞋；②严格执行一手接触电槽时，另一手不触及接地物，以防触电；③直流电压、负极对地电位差不大于总电压的10%；④如遇触电，应立即用绝缘物件隔绝电源或拉断电源开关，触电者脱离电源后，立即施行人工呼吸，请医务人员到现场，转送至医院急救。

（三）常见的事故

1. 当电解工段电解槽的原料饱和食盐水供应不足而槽内发生水被电解的情况时，产生大量的氧气，离子膜电解槽就有着火的可能。由于设备故障或操作失误，空气反向进入氢气管路，和电解槽产生的氢气形成可爆炸的混合物，遇火后引起火灾爆炸。

2. 在去除淡盐水中的游离氯时加入亚硫酸钠溶液，生成盐酸，既可发生高温烫伤也可导致化学性灼伤，若亚硫酸钠加入量不足，盐水中仍有残余的氯气，还会造成中毒、窒息事故。

3. 如果电解槽的离子膜由于操作不当，造成破损后，氢气就会进入氯气侧，氯气中的氢气就会超标，两种气体混合后达到其爆炸极限（体积分数5%~87.5%），达到爆炸极限时便易发生爆炸。

4. 氢气与空气易形成爆炸性混合气体，氢气爆炸极限为4.1%~74.1%，电解槽中氢气为微正压，如果电解槽泄漏或氢气回收管道损坏、连接软管脱落泄漏，造成氢气泄漏到电解厂房中，也可达到氢气的爆炸极限。

5. 电解槽停车时，因为断电不正确，而产生电火花使电解槽失火。

6. 如果电解槽加酸不够，且没有在电解槽外部加氯酸盐分解工艺，在盐水中富集集聚而在电解槽中结晶，遇振动、摩擦等而发生爆炸事故。

7. 如果紧急停车时，电解槽投入极化电源来抵抗因电解槽的反向电流。如果电气性能不可靠或者极化电源发生故障，造成极化电源没有投上，电解槽的反向电流会使电解槽发生损坏。

（四）安全控制

1. 重点监控工艺参数

严格控制电解槽内阴、阳极室液位，防止因脱液而造成阴、阳极短路，烧坏电槽。

还需要重点监控：电解槽内电流和电压；电解槽进出物料流量；可燃和有毒气体浓度；电解槽的温度和压力；原料中铵含量；氯气杂质含量（水、氢气、氧气、三氯化氮等）等。

2. 安全控制的基本要求

①设置电解槽温度、压力、液位、流量报警和联锁。

②设置电解供电整流装置与电解槽供电的报警和联锁。

③设置紧急联锁切断装置。

④设置事故状态下氯气吸收中和系统。

⑤设置可燃和有毒气体检测报警装置等。

3. 宜采用的控制方式

将电解槽内压力、槽电压等形成联锁关系，系统设立联锁停车系统。安全设施，包括安全阀、高压阀、紧急排放阀、液位计、单向阀及紧急切断装置等。

四、淡盐水脱氯及氯酸盐分解工艺流程

在电解槽阳极电解盐水过程中产生的氯气会有很小一部分（约 800mg/L）溶于淡盐水中，含有游离氯的淡盐水有很强的腐蚀性，送回一次盐水装置后会腐蚀一次盐水装置的部分管线及设备。当含氯盐水按工艺流程被一次精制后，再次送至螯合树脂塔进行二次精制时，游离氯会造成螯合树脂氧化中毒，使螯合树脂性能下降。因此，要脱除淡盐水中的游离氯，生产中常采用的是真空脱氯与化学脱氯相结合的方法脱除淡盐水中的游离氯，主要工艺为先向淡盐水中加入盐酸，破坏氯在水中的溶解平衡并保持一定的温度送至脱氯塔，在脱氯塔内真空度的作用下，淡盐水剧烈沸腾，水蒸气与氯气一起出塔，经过冷却器冷却，将氯气和水蒸气分开。

（一）真空法脱氯原理

在淡盐水中先加入适量的盐酸，促进水解反应向左进行。混合均匀后，用淡盐水泵将淡盐水送往脱氯塔。含氯淡盐水进入脱氯塔，在一定真空下急剧沸腾。氯气在盐水中的溶解度随压力的降低而减小，从而不断析出，产生的气泡会增大气液两相的接触面积，加快气相流速，加大气液两相中的不平衡度，使液相中的溶解氯不断向气相转移；同时，产生的水蒸气携带着氯气进入钛冷却器。水蒸气冷凝后形成的氯水进入氯水槽，再去脱氯；脱除的氯气经真空泵出口送入氯气总管。

（二）化学法脱氯原理

向淡盐水中加入具有还原性的 Na_2SO_3，与具有强氧化性的游离氯发生氧化还原反应，从而把淡盐水中的游离氯除去。在碱性介质中 SO_3^{2-} 被 ClO^- 氧化成 SO_4^{2-} 反应如下：

$$Na_2SO_3 + NaClO \rightarrow Na_2SO_4 + NaCl \tag{4-12}$$

在加入亚硫酸钠溶液之前要先加 NaOH，把脱氯后盐水的 pH 值调整到 9~11。

（三）氯酸盐分解

通过淡盐水循环泵送出的一部分淡盐水经氯酸盐水加热器加热后，与按比例加入的盐酸混合后进入氯酸盐分解槽，在此氯酸钠与盐酸反应而被分解，其主反应式为：

$$NaClO_3 + 6HCl \rightleftharpoons 3Cl_2\uparrow + NaCl + 3H_2O \tag{4-13}$$

氯酸盐分解后的盐水进入氯水槽，再经氯水泵输送至脱氯塔顶部，而氯酸盐分解产生的氯气回到氯气总管。

氯酸盐分解槽选用立式结构，水力停留时间短、盐水短路、分解槽内部出现死区，氯酸盐分解效果差。

将氯酸盐分解槽的结构形式由立式改为卧式，分解槽内部设置折流板，延长分解槽内水力停留时间，提高氯酸盐分解效果。

第三节 氯氢处理工艺过程安全分析

一、氯氢处理工艺流程

（一）氯气处理工艺流程

来自盐水高位槽的精盐水通过主管线送到每台电解槽的阳极液入口总管，盐水通过与总管连接的软管送进阳极室。精盐水在阳极室中电解产生氯气，同时氯化钠浓度降低，氯气和淡盐水的混合物通过软管进入电解槽的出口总管，在那里进行初步的气液分离，分离出的液体被送到淡盐水槽在阳极出口总管初步分离的氯气进入淡盐水槽的上部，然后从顶部送至外供氯气总管，经过调节阀，将压力调节为设定值后送出界区，剩余氯气被送到氯气处理工艺。同时，淡盐水从淡盐水槽排出，经过淡盐水泵输送：一小部分淡盐水返回精盐水主管道送至电解槽中，绝大部分被送至脱氯系统，脱氯后送至一次盐水化盐使用，被送到氯气处理工艺的氯气，在经过洗涤塔、钛管冷却器、水雾捕集器、干燥塔和酸雾捕集器脱水干燥后，经过透平机压缩，一部分送至氯气液化系统，液化为液氯；另一部分送至合成炉，用于生产氯化氢；废氯气全部送至废氯气吸收塔内，用碱液吸收。

（二）氢气处理工艺流程

电解送来的高温湿氢气，经过洗涤、冷却和水雾捕集，将其中所夹带的碱雾洗涤除去，同时使气体温度得到降低，从而除去其中所含的大部分饱和水蒸气，使氢气净化，然后经过加压得到高纯度氢气，送往苯胺装置和合成高纯盐酸。

（三）事故氯处理

因生产不正常或发生事故，氯碱生产系统停车处理过程中都可能发生氯气外溢而造成人身中毒、植物破坏、污染环境等严重事故，因此一般都设事故氯处理系统。从最早的氯气吸收采用将氯气管插入烧碱槽、真空泵喷射吸收、单塔（喷淋塔或填料塔）吸收，发展到目前的两塔吸收工艺，设备的性能和仪表自动控制程度均有了较大的提高，工艺更趋完善，装置功能增加。

主要发生的化学反应为：

$$2NaOH + Cl_2 \rightarrow NaClO + NaCl + H_2O \quad (4-14)$$

1. 单塔吸收工艺

当氯气总管（进氯压机前压力）氯气压力超过正压水封液封高度时，氯气进入氯气吸收塔，与塔内自上而下的碱液充分反应，氯气被吸收，废气则通过排风机进入大气。碱液质量分数在15%~20%，碱液循环泵循环吸收。当碱质量分数小于10%时，须重新配制。该工艺适用于氯压短时间升高的情况，它能使氯压在短时间内恢复正常，避免氯气外泄。

负压水封作用：该工艺增设负压水封，其作用是防止停直流电时，氯压机仍继续运转，造成氯气系统大负压，使电解槽隔膜或离子膜受损，造成氢气抽入氯气系统而产生爆炸的严重后果。设置负压水封后，当氯气压力（负压）高于放空管液封高度时，空气被吸入氯气系统，不至于因系统负压过高而损坏电解槽。对使用透平机的企业，负压水封能起到保护作用。

2. 双塔吸收工艺

双塔吸收工艺是在单塔吸收工艺的基础上进行改进，采用双塔后确保尾气排放无氯气，真正达到零排放。它的适用范围更广泛，处理能力更大。由于该装置24h运转，随时处于运行状态，有异常情况时，均能及时吸收事故氯气。同时，因为采用大容量碱液循环槽和碱液循环冷却器，装置的性能也大大提高。因为增设配碱槽，所以也不受吸收时间的限制。

二、风险分析和安全措施

（一）中毒

离子膜电解、高纯盐酸、淡盐水脱氯以及液氯工段都存在大量的氯气。氯气是一种具有窒息性的毒性很强的气体，其对人体的危害主要通过呼吸道和皮肤黏膜对人的上呼吸道及呼吸系统和皮下层发生毒害作用，其中毒症状为流泪、怕光、流鼻涕、打喷嚏、强烈咳嗽、咽喉肿痛、气急、胸闷，直至支气管扩张、肺气肿、死亡。

例如，某厂在氯气干燥工艺过程的室内检修氯气管路，中毒致死1人。分析认为：该工人未按劳保规定佩戴好防毒面具就拆卸氯气管路，造成氯气中毒而死。

在整个生产装置中最可能发生氯气泄漏的地方是离子膜电解及湿氯气水封处。在离子膜电解段如果设备、管道等密闭性不好，就很有可能发生氯气的泄漏；在湿氯气水封处，如果储气柜容量不足，压力波动大，氯气可能冲破水封造成泄漏。此外，氯气管道、阀门、法兰等也可能因腐蚀或安装等，造成氯气的泄漏；上面提到的离子膜电解及高纯盐酸合成炉等发生火灾爆炸后也会造成氯气的泄漏。

废氯气处理工艺中，使用碱液做吸收剂，反应生成次氯酸钠溶液，该反应属放热反应；次氯酸钠极不稳定，在酸性、40℃以上或日光照射下发生分解，温度达到70℃时，会产生剧烈分解，氯气溢出。

针对以上风险主要采取以下安全措施：

①在次氯酸钠生产、贮存过程中严格控制温度，防止光照。

②防止次氯酸钠与硫酸、盐酸等酸性物质接触。

（二）火灾爆炸

本工段可能造成火灾爆炸的主要原因有：氯内含氢超标；空气进入氯气系统；空气进入氢气系统；静电、雷电引发氢气起火；氢气进入空气中与空气形成爆炸性混合物；电气设备不防爆。

1. 氯内含氢超标

含氢超标的原因主要有以下六点：

①离子膜质量不好造成氯气中含氢超标，同时氯气在经过冷却和硫酸吸收水分干燥后，成为干氯气，与用工程塑料制作的硫酸干燥设备摩擦易产生静电，使氢气在氯气中发生爆炸。

②浓度低的硫酸与金属反应产生氢气，高浓度的硫酸对金属不腐蚀，但低于均相（93%）的硫酸，可与金属发生反应产生腐蚀，并产生氢气。系统中的硫酸如不及时更换，可能对氯气输送泵、硫酸冷却器、管道、储罐等金属设备产生腐蚀，生成氢气并集聚，遇静电放电，有可能发生氢气在氯气中爆炸的危险。

③硫酸冷却器内漏，水混入浓硫酸中降低硫酸浓度，与金属发生反应生成氢气，随硫酸进入氯气系统。

④电解氯气、氢气吸力大幅度波动或失控，造成氯气中含氢超标。

⑤电解槽突发直流电停电事故时，若氯压机、氢压机仍在运转，电解氯气、氢气阀门未能及时关闭，可能吸破隔膜或离子膜，使氢气、氯气形成爆炸性混合物。

⑥氯压机或氢压机停止工作时，电解氯气或氢气系统压力突然升高，可能压破隔膜或离子膜，使氢气、氯气形成爆炸性混合物。

可采取的安全措施有以下六点：

①保证离子膜质量，采取普查、指标监控等措施，及时发现膜泄漏问题并采取相应措施。

②定期分析电解氯气含氢、干燥氯气含氢浓度，发现指标异常采取应对措施，如超标

要采取停车措施。

③严格控制浓硫酸浓度，防止浓度下降；严密观察浓硫酸温度变化，防止进水。

④针对氯气、氢气吸力波动，可采取设置水封或联锁的方式。例如，氯气设高低压水封，氢气设安全水封，针对吸力波动的极端情况联锁电解停车等。

⑤发生直流电停电事故，可由人工或设联锁关闭氯气、氢气阀门，氯气系统一般设低压水封。

⑥针对氯压机、氢压机故障，可设联锁停电解装置。

2. 空气进入氯气系统

空气进入的原因如下：

①因电流急剧变化、自控阀门失灵等造成氯气系统吸力过大，吸破水封或管道，空气进入氯气系统，造成氯气纯度下降。

②空气随离子膜淡盐水进入氯气系统。因淡盐水部分管道与氯气系统相连，在打开淡盐水系统时，空气可能从淡盐水系统进入氯气系统。

空气随氯气进入氯化氢系统。因氧气耗氢量是氯气耗氢量的两倍，将造成氢气、氯气配比系数变小，使氯化氢气中的游离氯含量升高。游离氯进入氯乙烯合成工艺，与乙炔结合生成极不稳定的氯乙炔，很容易发生爆炸。

可采取如下安全措施：

①定期分析氯气纯度、氯化氢纯度，并错开二者分析时间，起到增加分析频次的效果。在技术上可兼顾采用在线分析仪器，或针对吸力波动的极端情况设置联锁停氯乙烯合成。

②打开离子膜淡盐水系统时，应采取隔断措施防止进空气，如果不能及时采取措施，应安排氯乙烯合成停车。

3. 空气进入氢气系统

空气进入的原因如下：

①氢气系统吸力过大，吸破水封或管道，空气进入氢气系统。

②氢气安全水封或氢气洗涤塔水封缺水或无水，造成空气进入氢气系统。

氢气系统进空气，氢气纯度下降，除形成爆炸性混合物外，同样会造成氯化氢工艺游离氯含量超标，在氯乙烯合成系统中生成爆炸性物质氯乙炔。

可采取的安全措施如下：

①采取定期分析、使用在线分析仪器或针对吸力波动的极端情况设置联锁停氯乙烯合成的方法。

②严密监视水封情况，防止水封缺水现象。

4. 静电、雷电引发氢气起火

氢气起火的原因如下：

①氢气正压系统没有防静电、防雷接地装置或不合格，氢气在输送过程中会产生静电或遇雷电，存在引发火灾爆炸的可能。

②氢气放空管着火、回火。氢气故空管避雷、静电接地、蒸汽或氮气灭火设施不健全，在放空时遭受雷击、静电放电，有引发放空管燃烧、爆炸的可能。在氢气输送压力低，燃烧剧烈的情况下会造成回火，在没有设置阻火器等安全设施时，可能会引发氢气系统的火灾爆炸事故。

可采取如下安全措施：

①采取正确的防静电、防雷电接地装置，并定期检查、检测，确保有效。

②放空管设置阻火器，并设置蒸汽或惰性气体灭火设施。

5. 氢气进入空气中与空气形成爆炸性混合物

形成爆炸性混合物的原因如下：

①氢气正压系统泄漏或水封、放水口排出氢气，会在周围形成爆炸性混合物，遇到高热、明火时，可能发生火灾爆炸事故。

②硫酸冷却器内漏。换热器内漏时，介质流动方向不是绝对的，内漏时介质压力可能因停泵等发生变化。硫酸进入水中形成稀硫酸，并与金属反应生成氢气，随循环冷却水，进入冷却水罐，与空气形成爆炸性混合物。

③氢气冷却器内漏。氢气随循环冷却水进入冷却水罐与罐内空气混合。

可采取的安全措施如下：

①严密监视氢气压力、流量，并加强巡检，发现泄漏及时处理。也可设置可燃气体检测报警探头。

②氢气放水后，对阀门关闭情况进行确认。

③定期测循环冷却水 pH 值，以监视硫酸冷却器内漏情况。

④氢气如果采用盐水降温，可用碳酸钠溶液滴定来检查是否有白色沉淀。如果采用水降温，则可定期停水检查氢气是否漏出。

6. 电气设备不防爆

氢气系统周围的电器设备、机械设备的电机、照明、开关等，不具有防爆功能或防爆等级不够时，在操作时会产生电火花，存在引发火灾爆炸的危险。应采用符合防爆等级的电气设备。

（三）化学灼伤

造成化学灼伤的原因如下：

1. 浓硫酸具有强烈的腐蚀性，硫酸输送泵、硫酸循环泵、硫酸冷却器、管道、储罐发生硫酸泄漏时，浓硫酸与人体接触，可使作业人员受到化学灼伤。

2. 废氯气处理工艺中，使用液体烧碱做吸收剂。烧碱具有较强的腐蚀性，由于碱液配制、使用发生泄漏以及误操作等造成碱液与作业人员眼睛、皮肤接触，会使作业人员受到化学灼伤。

3. 有硫酸、烧碱存在的设备、管道等检修时，如检修前没有进行清理，在检修过程中，发生残留硫酸、烧碱飞溅，与作业人员的眼睛、皮肤接触，发生作业人员化学灼伤的危险。

可采取的安全措施如下：

1. 配备并使用防酸碱的防护用品，必要时配备全密闭防护服。

2. 检修环节制定并遵守安全检修规程，办理相关作业证，由专业人员现场落实安全措施，严格审批程序，并有专人监护。

（四）机械伤害

产生机械伤害的原因如下：

1. 该工艺使用的氯水循环泵、硫酸循环泵、烧碱循环泵、风机、氯压机、氢压机等机械设备外露转动部分，如没有安全罩或安全罩损坏，作业人员作业、巡回检查时，会不慎将工作服衣角、裤脚卷绕入机械内，遭受机械伤害。

2. 维修人员在机械设备维修时，电气开关没有悬挂“禁止启动”警示牌，或没有采取开关锁、封等防护措施，作业人员误操作启动开关，使正检修的设备突然启动，会使检修人员发生机械打击的伤害。

可采取的安全措施如下：

1. 机械设备的外露转动部分设置合格的防护罩，定期检查确保有效。

2. 检修转动设备必须采取断电、悬挂警示牌、电源开关锁封等措施。

（五）触电

该工艺使用的电器设备外壳、机械设备电机及开关箱外壳等如没有保护接地，或保护接地断路、接地电阻超标，当设备的绝缘损坏时，会造成漏电，存在使作业人员发生触电的危险。电气设备设置应可靠接地，并定期检查、检测，确保有效。使用电气设备的人员严格遵守电气安全规程。

（六）高处坠落和高处打击伤害

作业人员在2m以上作业时，若安全措施不到位、精力不集中，有发生高处坠落的危险。作业人员进行高处作业时随意乱扔物品、工具等，可能造成高处打击伤害。应严格遵守高处作业安全规程，办理高空作业证。

第四节　高纯盐酸合成及液氯工艺过程安全分析

一、高纯盐酸合成工艺过程安全分析

合成盐酸的生产方法包括二合一石墨合成炉法、三合一石墨合成炉法、四合一石墨合成炉法及余热回收型合成炉法。目前二合一石墨合成炉法、三合一石墨合成炉法用得比较多，下面主要对二合一石墨合成炉的工艺流程、危险性及安全设施设计进行介绍。

（一）二合一石墨合成炉生产高纯盐酸工艺流程

高纯盐酸合成由氯化氢合成系统和氯化氢吸收系统两部分组成。

氯化氢合成系统：由液氯工艺和氢处理工艺来的氯气和氢气分别进入氯气缓冲罐和氢气缓冲罐，缓冲后经管道阻火器进入组合式二合一石墨合成炉灯头，在炉内进行燃烧，生成氯化氢气体。

氯气和氢气的合成反应式如下：

$$Cl_2 + H_2 \rightarrow 2HCl + 22.063kcal/mol \tag{4-15}$$

生成的氯化氢气体从石墨合成炉导出，送入吸收系统。合成系统的冷凝酸全部收集在冷凝酸排放槽中，定期排放至盐酸中间储槽，再由盐酸中间泵送往罐区。

氯化氨吸收系统：自氯化氢合成系统来的氯化氢气体进入氯化氢吸收系统的一级降膜吸收器、二级降膜吸收器和尾气吸收塔。采用纯水吸收盐酸中间槽尾气，吸收后的稀酸经流量计计量后进入尾气吸收塔再进入降膜吸收器做吸收剂用。氯化氢气体被吸收成稀酸，尾气吸收塔出来的尾气经风机抽出排空。

（二）高纯盐酸工艺危险性分析

1. 主要危险化学品

高纯盐酸产品生产过程和使用的主要危险化学品有氢气、氯气、氯化氢、盐酸等。

2. 生产工艺过程主要危险性

①氢气是易燃易爆气体，若合成反应氯氢配比不当，易发生爆炸事故。

②氯、氢、空气形成混合气体或在氯化氢合成炉点火、调火时达到爆炸极限时，会引发爆炸事故的发生。

③盐酸储槽含氢气体的积聚等，会有爆炸的危险。

④石墨合成炉是明火设备，存在高温灼烫的潜在危险性。

⑤生产过程中熄火，造成氯气进入氢气系统可能引起爆炸事故。再点火时，会引发爆炸事故的发生。

（三）安全措施

1. 生产装置工艺安全技术

①任何氯气和氢气的管道不得配置在盐酸操作室内。

②进入合成炉的氯气和氢气推荐采用自动配比调节。

③盐酸合成炉点炉前设置纯度检测装置以保证氢气、氯气的纯度。

④氢气排空管设置阻火器，有效防止爆炸事故的发生。

⑤氯气是有毒气体；氢气是易燃、易爆气体。厂房内设置可燃气体报警器和有毒气体探测仪，预防氢气、氯气的泄漏。

⑥无论是人工观火或者自动仪表观火，均须设置紧急停炉按钮或者紧急停炉联锁。即当合成炉火焰熄灭时，按下紧急按钮或者自动联锁，立刻切断进炉的氯气和氢气，并同时向合成炉内充入氮气。

⑦经过吸收系统后的放空尾气（含有大量氢气）的放空点宜设置防雷设施。

⑧对于防爆膜爆破后的释放气，推荐采用废气吸收系统用液碱或者水吸收。避免含氯化氢、氯气等的释放气排入大气之中。

2. 事故预防措施

①推荐采用适当的安全联锁，以便发生紧急情况时（比如氯气、氢气失压，防爆膜爆破等）能够尽快地安全停炉。

②对于合成系统的控制，推荐采用远程自动控制，以尽可能地减少防爆区域内的操作

人员。

③合成厂房须设计成敞开式结构（操作室除外）。

④合成厂房的楼面须设计成平底的，即防止泄漏的氢气累积在由结构梁所围成的死角区域。

3. 工艺设备安全

该系统压力容器的设计应符合《固定式压力容器安全技术监察规程》（TSG21-2016）、《压力容器》（GB/T 150—2011）、《热交热器》（GB/T 151—2014）等相关标准和规范的要求。

4. 管材的安全设计

①盐酸的管道材料宜选用 FRP/CPVC。

②采用非金属材料时，法兰宜采用承插黏结法兰，法兰密封面宜采用 FF 面。

③为了减少泄漏点，管件应避免用法兰连接，尽量用承插口管件。

④由于非金属材料的法兰，且是 FF 面，垫片的选择硬度应比法兰更软的且耐盐酸腐蚀的非金属材料，如膨化聚四氟乙烯垫。

5. 车间布置及安全措施

①办公室、休息室等不应设置在氯化氢合成厂房内。当必须与本厂房贴邻建造时，其耐火等级不应低于二级，并应采用耐火极限不低于 3h 的不燃烧体防爆墙隔开和设置独立的安全出口。

②氯化氢合成等厂房的分控制室宜独立设置，当贴邻外墙设置时，应采用耐火极限不低于 3h 的不燃烧体墙体与其他部分隔开。

③封闭式氯氢处理厂房应设置强制性机械通风设施。

④氯气、氯化氢等高度危害性物料应采用密闭循环采样。

⑤氯化氢合成等具有化学灼伤危险的生产、储存场所禁止使用玻璃管道、管件、阀门、流量计、压力计等仪表。

⑥合成等有酸碱性腐蚀的作用区中的建构筑物地面、墙壁、设备基础，应进行防腐处理。

二、液氯及包装工艺过程安全分析

液化氯气的方式一般有三种工况条件。

1. 高温高压的液化方式，运行温度 30℃，氯气压力 1MPa，用循环冷却水就可以使氯气液化，需要的冷量很少。氯气压力 1MPa 对于氯气压缩机的要求很高，适用于全部氯气生产液氯产品的项目。

2. 中温中压的液化方式，运行温度 10℃，氯气压力 0.6MPa，用冷冻水将氯气液化。

3. 低温低压的液化方式，运行温度-20℃，氯气进口需要压力 0.15MPa 即可，用氟利昂或者氨制冷将氯气液化。

某公司液氯生产工艺采用中温中压法，由冷冻工艺送来的冷冻盐水与干燥氯气进行热交换，部分氯气液化成液体氯，用屏蔽泵输送至包装工艺，充装液氯钢瓶或槽车，未液化气体送往用氯单位。

在液氯包装的工艺流程中，容易发生氯气泄漏及爆炸的部位主要有：液氯输送管道、阀门、法兰的泄漏；液氯中三氯化氮积累容易造成爆炸事故；液氯包装过程中包装管道与钢瓶连接的软管发生泄漏；液氯钢瓶发生泄漏；液氯槽车泄漏。

如果发生氯气泄漏事故，液氯自泄漏点流到大气中，压力骤然降低，吸收环境中的热而迅速汽化。能吸收氯的药剂很多，通常用电解工段产生的烧碱溶液进行吸收，经济且吸收较快。氯与氢氧化钠化合后，生成较稳定的次氯酸钠、食盐和水。

第五节　蒸发及固碱工艺过程安全分析

离子膜法碱液的蒸发流程种类较多，工艺流程的选择包括选择效数、顺流或逆流和选择蒸发器等。由表 4-1 可看出，不同蒸发的效数对蒸汽的消耗量，由数据可见蒸发器的效数采用三效时消耗量最小。

表 4-1　不同蒸发效数的蒸汽消耗

效数	单效	双效	三效
$8kg/cm^2$ 吨碱汽耗	1.1~1.2	0.7~0.8	0.53

一、离子碱液蒸发的特点

（一）流程简单

由于离子膜烧碱仅含极微量的盐（一般含 NaCl 30~50mg/L；$NaClO_3$15~30mg/L），在整个蒸发浓缩过程中无须除盐，极大简化了流程设备，降低了操作人员的劳动强度。

（二）浓度高，蒸汽消耗少

离子膜电解产出来的烧碱浓度较高，一般在 30%~35%（质量），与隔膜法碱液比大大地减少了浓缩用蒸汽。若以32%碱液蒸发浓缩至50%碱液为例，则每吨50%成品碱需要蒸出的水量$M=1\ 000/32\%-1\ 000/50\%=1\ 125$（kg）。

而隔膜法电解烧碱液若同样浓缩至50%，则一般需要蒸发出约6.5t的水量。

二、降膜蒸发的原理及特点

（一）降膜蒸发工艺原理

降膜管式蒸发器由立式安装的管壳式换热器和汽液分离器组成，碱液在换热器管程中，呈膜状往下流动与壳程的蒸汽换热，碱液因受到自身蒸发出来的高速蒸汽扰动，换热效率很高。控制稳定性好，维修量小，汽耗低。

在降膜蒸发的过程中，当液体的加热面上有足够的热流强度或壁面温度超过液体温度一定值时，在液体和加热面之间会产生一层极薄的液层（滞留热边界层）从而形成温差。此极薄的液层（膜）受热发生相变，吸收潜热而蒸发，这样，管内液体不必全部达到饱和温度，就在加热面上产生气泡而沸腾，这时气泡的过热度超过从膜内传热的温差，所以蒸发完全是在膜表面进行的，这种沸腾叫表面沸腾。

在膜式蒸发过程中要控制好碱液流量。碱液流量过小，在降膜蒸发过程中会出现壁面液膜的断裂变干现象，如果出现这种现象，将使给热系数大大下降；碱液流量太大，而加热源的温度低，造成液体过热度不足，达不到沸腾，不能形成降膜蒸发的现象。因此，进入蒸发器碱液流量的大小和加热源温度的高低，直接影响成膜及膜的厚度，所以控制好进入蒸发器中碱液的流量和加热源的温度，对膜式蒸发是至关重要的。

（二）降膜蒸发的特点

降膜蒸发是一种高效单程非循环膜式蒸发，料液自蒸发器上部进入，经液体分布及成膜装置，均匀分配到各个换热管内，在重力和真空诱导和气流共同作用下，液体成均匀膜状自上而下流动，具有传热效率高、传热系数大、温差损失小，物料加热时间短、不易变质、易于多效操作、能耗低、设备体积小、易操作控制等特点。

蒸发工艺涉及高温强碱强腐蚀的物料，所以在生产安装过程中对设备、管道材质的选择非常严格，为了控制投资成本，根据工艺流程各节点的温度差异，对应选用合适的设备材质。从Ⅰ效到Ⅱ效（与碱液接触）的设备，管道均采用Ni材质，包括输送泵、换热器、蒸发罐等，Ⅲ效（与碱液接触）的设备，管道均采用316L不锈钢，不与碱液接触的设备，管道则采用304不锈钢或者碳钢。

三、三效逆流降膜蒸发的工艺流程

（一）碱液流程

从离子膜电解工艺送来的原料32%烧碱进入碱液缓冲罐（T-8301），利用32%碱输送泵（P-8305）输送进入三效换热器（E-8303），碱液进入三效蒸发罐（D-8303）在真空下蒸发浓缩至36%碱液；再用36%碱液泵（P-8301）输送经过预热器E-8307、E-8308，分别用50%热碱和中压蒸汽冷凝液加热后进入二效换热器（E-8302），36%碱液在二效蒸发罐（D-8302）蒸发浓缩至42%碱液；再用42%碱输送泵（P-8302）输送经过预热器（E-8305、E-8306），分别和一效产出的50%碱液和一效蒸汽冷凝液罐（D-8305）出来的蒸汽冷凝液换热后进入一效换热器（E-8301），42%碱液在一效蒸发罐（D-8301）蒸发浓缩至50%碱液。然后用50%碱输送泵（P-83O1）输送经过预热器（E-8305、E-8307）降温冷却，最后通过成品碱液冷却器（E-8309）用循环水冷却至45℃以下，分析合格后，通过开关阀ZV-801输送至储槽罐区50%碱储槽储存出售，如分析不合格则通过开关阀ZV-802返回32%碱液缓冲槽（T-8301）。

（二）蒸汽及纯冷凝液流程

外界送来的中压蒸汽（0.9MPa、300℃）进入界区先通过蒸汽增湿器(J-8301）用减温减压泵（P-8307）送来的纯水消除过热变为饱和蒸汽后再进入一效换热器（E-8301）壳程，与输送泵（P-8302）送来的42%碱液间接换热，42%碱液得到加热升温，而中压蒸汽在此降温冷凝，蒸汽冷凝液进入蒸汽冷凝液储槽（D-8305），再进入碱液预热器（E-8306）和（E-8308）分别与进入一效的42%碱液和进入二效的36%碱液换热后送往界区外。

（三）工艺蒸汽及冷凝液流程

由一效蒸发罐（D-8301）产生的二次蒸汽（从碱液中蒸发出来）先通过蒸汽增湿器（J-8302）用工艺冷凝泵（P-8304）送来的工艺冷凝水消除过热，变为饱和蒸汽后进入二效换热器（E-8302）壳程，其将作为36%碱液蒸发浓缩至42%碱液的加热蒸汽，换热后冷凝下来的蒸汽冷凝液通过气液分离器分离，气体部分送至三效换热器（E-8303）从换热器中部进入壳程，液体部分经三效换热器（E-8303）底部送至工艺冷凝液罐（D-8304）。

由二效蒸发罐（D-8302）产生的二次蒸汽（从碱液中蒸发出来）先通过蒸汽增湿器（J-8303）用工艺冷凝泵（P-8304）送来的工艺冷凝水消除过热，变为饱和蒸汽后进入三效换热器（E-8303）壳程，其将作为32%碱液蒸发浓缩至36%碱液的加热蒸汽，换热后冷凝下来的蒸汽冷凝液被送至工艺冷凝液罐（D-8304），未冷凝下来的蒸汽，经表面冷凝器（E-8304）冷凝，冷凝下来的冷凝液进入工艺冷凝液储罐（D-8304）。

由三效蒸发罐（D-8303）产生的二次蒸汽（有些厂家也叫三次蒸发汽），经过表面冷凝器（E-8304）冷凝，冷凝后的冷凝液进入工艺冷凝液储罐（D-8304），然后用工艺冷凝水泵（P-8304）输送，一部分用于清洗一、二、三效蒸发罐和增湿器二次蒸汽增湿，另一部分送往界区外。

四、影响蒸发的主要因素

（一）蒸汽压力

外界送来蒸汽是碱液蒸发的主要热源，其压力高低直接影响到蒸发操作能力。在其他条件不变的情况下，往往较高的蒸汽压力会使系统获得较大的温差，单位时间内所传递的热量也相应增加，装置有较大的生产能力。

正常生产中，须保持适宜的蒸汽压力。压力过高容易使加热管内碱液温度上升过高，造成汽膜，降低传热系数；压力过低，碱液不能达到所需温度，蒸发强度降低。保证蒸汽压力的稳定供应可以保证进出口物料的浓度温度，保证产品质量。

（二）真空度

真空度是蒸发过程中提高蒸发能力的重要途径，也是降低汽耗的重要方法。适当提高真空度，将使二次蒸汽的饱和温度降低从而提高了有效的温度差，因而更充分地利用了热源，使蒸汽消耗降低。真空度的降低与大气冷凝器的下水温度有关（该温度下的饱和蒸汽压），也与二次蒸汽中的不凝气含量有关。

五、蒸发工段生产特点

（一）高温蒸汽运行

蒸发工段各装置是在高温高压蒸汽加热下运行，通常加热蒸汽表压 0.8MPa，最高温度可达 170℃，所以要求蒸发设备及管道具有良好的外保温及隔热措施。在设计、制作、安装过程中要充分考虑设备管道的热胀冷缩因素，所有管道连接处要有足够的补偿系数，以防止在开停车和运行过程中因热胀冷缩而拉裂管道之间的连接，发生设备损坏事故。

由于蒸发各设备在高温蒸汽条件下运行，一旦蒸汽外泄极易发生人身烫伤事故。因此，预防被热水、蒸汽烫伤是本工段一项重要安全措施。

（二）防止烧碱化学灼伤

烧碱的腐蚀性极强，凡是操作与烧碱有关的装置设备时，必须戴好防护眼镜、橡胶手套，穿好胶鞋，以防止烧碱液飞溅触及人体眼睛及皮肤。

六、常见事故及预防措施

（一）高温液碱或蒸汽外泄

1. 产生的可能原因

①设备和管道中焊缝、法兰、密封填料处、膨胀节等薄弱环节处，尤其在蒸发工段开、停车时受热胀冷缩的应力影响，造成拉裂、开口，发生碱液或蒸汽外泄。

②管道内有存水未放净，冬天气温低，结冰将管道胀裂。在开车时蒸汽把冰融化后，蒸汽大量喷出，造成烫伤事故。

③设备管道受到腐蚀、壁厚减薄，强度降低，尤其在开停车时受到压力冲击，造成热浓碱液从腐蚀处喷出造成化学灼伤事故。

2. 预防措施

①蒸发设备及管道在设计、制造、安装及检修均需按有关规定标准执行，严格把关，设备交付使用前进行专职人员验收，开车前的试漏工作要严格把关。

②要充分考虑到蒸发器热胀冷缩的温度补偿，合理配管及膨胀节的设置，对薄弱环节采取补焊加强等安全预防措施。

③对长期使用的蒸发设备，每年要进行定期检测壁厚及腐蚀情况。对腐蚀情况要进行测评。

④当发生高温碱液或蒸汽严重外泄时，应立即停车检修。操作工和检修工要穿戴好必需的劳动防护用品，工作中尽心尽责，严守劳动纪律，按时进行巡回检查。

⑤当人的眼睛或皮肤溅上烧碱液后，须立即就近用大量清水或稀硼酸水彻底清洗，再去医务部门或医院进行进一步治疗。

（二）管道堵塞，物料不通，蒸发器阀门堵塞

1. 产生的可能原因

蒸发过程中，随着烧碱浓度不断提高而电解液中所含的氯化钠溶解度不断下降，最后成结晶状态氯化钠析出悬浮在碱液中，如果分离盐泥不够及时，氯化钠结晶变大，会堵塞

管道、阀门、蒸发器加热室，造成物料不能流通，影响蒸发工艺操作的正常运行。

2. 预防措施

在蒸发过程中要及时分离盐泥，注意盐碱分离的悬液分离器使用效果，发现分离盐泥效果差时要及时调整操作，进行处理。堵塞时要及时冲通，保证正常运行。对第二效蒸发器，每次接班后用水进行小洗一次。对第三效蒸发器，隔四天进行彻底大洗一次。

如发现结晶盐堵塞管道、阀门等情况时，可及时用加压水清洗畅通或借用真空抽吸等补救措施，来达到管道、阀门的畅通无阻。

第五章　硝化反应及安全技术

第一节　硝化反应概述

一、硝化反应机理

硝化反应是向有机物分子中引入硝基（$-NO_2$）的反应过程。硝化反应的机理主要分为两种，对于脂肪族化合物的硝化一般是通过自由基历程来实现的，其具体反应比较复杂，在不同体系中均有所不同，很难有可以总结的共性，故这里不予列举。而对于芳香族化合物来说，其反应历程基本相同，是典型的亲电取代反应。

二、硝化反应方法

硝化过程在液相中进行，通常采用釜式反应器。根据硝化剂和介质的不同，可采用搪瓷釜、钢釜、铸铁釜或不锈钢釜。用混酸硝化时为了尽快地移去反应热以保持适宜的反应温度，除利用夹套冷却外，还在釜内安装冷却蛇管。产量小的硝化过程大多采用间歇操作。产量大的硝化过程可连续操作，采用釜式连续硝化反应器或环形连续硝化反应器，实行多台串联完成硝化反应。环形连续硝化反应器的优点是传热面积大，搅拌良好，生产能力大，副产的多硝基物和硝基酚少。

硝化方法主要有：稀硝酸硝化、浓硝酸硝化、在浓硫酸中用硝酸硝化、在有机溶剂中用硝酸硝化和非均相混酸硝化等。

1. 稀硝酸硝化。一般用于含有强的第一类定位基的芳香族化合物的硝化，反应在不锈钢或搪瓷设备中进行，硝酸过量 10%~65%。

2. 浓硝酸硝化。这种硝化往往要用过量很多倍的硝酸，过量的硝酸必须设法利用或回收，因而使它的实际应用受到限制。

3. 浓硫酸介质中的均相硝化。当被硝化物或硝化产物在反应温度下为固体时，常常将被硝化物溶解于大量浓硫酸中，然后加入硫酸和硝酸的混合物进行硝化。这种方法只须使用过量很少的硝酸，一般产率较高，缺点是硫酸用量大。

4. 非均相混酸硝化。当被硝化物或硝化产物在反应温度下都是液体时，常常采用非均相混酸硝化的方法，通过强烈的搅拌，使有机相被分散到酸相中而完成硝化反应。

5. 有机溶剂中硝化。这种方法的优点是采用不同的溶剂，常常可以改变所得到的硝基异构产物的比例，避免使用大量硫酸做溶剂，以及使用接近理论量的硝酸。常用的有机溶剂有乙酸、乙酸酐、二氯乙烷等。

三、硝化工艺简介

（一）苯硝化生产硝基苯

将苯、混酸和循环废酸分别经过转子流量计连续地送入第一硝化反应器，反应物流经第二和第三硝化反应器后进入连续分离器。分出的硝基苯经水洗、碱洗、水洗、蒸馏即得工业品硝基苯。分出的废酸一部分作为循环废酸送回第一硝化反应器，以吸收硝化反应释放的部分热量并使混酸稀释，以减少多硝基物的生成。大部分废酸要另外浓缩成浓硫酸，再用于配制混酸。

（二）烷烃硝化

烷烃硝化采用气相反应，将预热后的丙烷与液体硝酸同时送入反应器，在370~450℃和0.8~1.2MPa条件下反应，反应在绝热反应器中进行。利用过量的丙烷和酸的汽化移走反应热。硝化产物经冷凝，液相产物先经化学处理再精制得四种硝基烷烃成品，气相产物分别送丙烷和氧化氮回收系统。

四、硝化过程特点

有机化学中最重要的硝化反应是芳烃的硝化，向芳环上引入硝基的最主要的作用是作为制备氨基化合物的一条重要途径，进而制备酚、氟化物等化合物。

硝化是强放热反应，其放热集中，因而热量的移除是控制硝化反应的突出问题之一。

硝化要求保持适当的反应温度，以避免生成多硝基物和氧化等副反应。硝化是放热反应，而且反应速率快，控制不好会引起爆炸。为了保持一定的硝化温度，通常要求硝化反应器具有良好的传热装置。

混酸硝化法还具有以下特点：①被硝化物或硝化产物在反应温度下是液态的，而且不溶于废硫酸中，因此，硝化后可用分层法回收废酸；②硝酸用量接近于理论量或过量不多，废硫酸经浓缩后可再用于配制混酸，即硫酸的消耗量很小；③混酸硝化是非均相过程，要求硝化反应器装有良好的搅拌装置，使酸相与有机相充分接触；④混酸组成是影响硝化能力的重要因素，混酸的硝化能力用硫酸脱水值（DES）或硝化活性因数（F/V4）表示。DES 是混酸中的硝酸完全硝化生成水后，废硫酸中硫酸和水的计算质量比。F/V4 是混酸中硝酸完全硝化生成水后，废酸中硫酸的计算质量百分浓度高或 F/V4 高表示硝化能力强。对于每个具体硝化过程，其混酸组成、DKS 或 F/V4 都要通过实验来确定它们的适宜范围。例如苯硝化制硝基苯时，混酸组成（质）为：$H_2SO_4$46%～49. 5%，$HNO_3$44%～47%，其余是水，DVS 为 2. 33%～2. 58%，FNA 为 70%～72%。

五、硝化产品用途

硝基烷烃为优良的溶剂，对纤维素化合物、聚氯乙烯、聚酰胺、环氧树脂等均有良好的溶解能力，并可作为溶剂添加剂和燃料添加剂。它们也是有机合成的原料，如用于合成羟胺、三羟甲基硝基甲烷、炸药、医药、农药和表面活性剂等。各种芳香族硝基化合物，如硝基苯、硝基甲苯和硝基氯苯等是染料中间体（见苯系中间体）。有些硝基化合物是单质炸药，如 2，4，6-三硝基甲苯（TNT）。芳香族硝基化合物还原可制得各种芳伯胺，如苯胺等。

六、硝化反应安全技术

（一）硝化反应主要危险

1. 硝化反应是放热反应，温度越高，硝化反应的速度越快，放出的热量越多，越易造成温度失控而爆炸。

2. 被硝化的物质大多为易燃物质，有的兼具毒性，如苯、甲苯、脱脂棉等，使用或储存不当时，易造成火灾。

3. 混酸具有强烈的氧化性和腐蚀性，与有机物特别是不饱和有机物接触即能引起燃烧。硝化反应的腐蚀性很强，会导致设备的强烈腐蚀。混酸在制备时，若温度过高或落入少量水，会促使硝酸的大量分解，引起突沸冲料或爆炸。

4. 硝化产品大都具有火灾、爆炸危险性，尤其是多硝基化合物和硝酸酯，受热、摩擦、撞击或接触点火源，极易爆炸或着火。

（二）硝化反应安全措施

1. 制备混酸时，应严格控制温度和酸的配比，并保证充分的搅拌和冷却条件，严防因温度猛升而造成的冲料或爆炸。不能把未经稀释的浓硫酸与硝酸混合。稀释浓硫酸时，不可将水注入酸中。

2. 必须严格防止混酸与纸、棉、布、稻草等有机物接触，避免因强烈氧化而发生燃烧爆炸。

3. 应仔细配制反应混合物并除去其中易氧化的组分，不得有油类、酐类、甘油、醇类等有机物杂质，含水也不能过高；否则，此类杂质与酸作用易引发爆炸事故。

4. 硝化过程应严格控制加料速度，控制硝化反应温度。硝化反应器应有良好的搅拌和冷却装置，不得中途停水断电及搅拌系统发生故障。硝化器应安装严格的温度自动调节、报警及自动联锁装置，当超温或搅拌故障时，能自动报警并停止加料。硝化器应设有泄爆管和紧急排放系统，一旦温度失控，紧急排放到安全地点。

5. 处理硝化产物时，应格外小心，避免摩擦、撞击、高温、日晒，不能接触明火、酸、碱等。管道堵塞时，应用蒸汽加温疏通，不得用金属棒敲打或明火加热。

6. 要注意设备和管道的防腐，确保严密不漏。

第二节　苯硝化生产硝基苯

本装置主要由废酸提浓单元、苯硝化单元、中和单元、硝基苯精制单元、装置罐区单元、变配电单元、DCS 控制室单元、污水处理单元等辅助单元组成。

一、废酸提浓工艺

（一）废酸提浓工艺特点

1. 废酸提浓工艺是精馏单元操作，即通过该工序将硝基苯单元产生的68%~70%的废硫酸精制成83%以上的硫酸（简称产品酸）。与一般的精馏不同的是硫酸具有强腐蚀性，所以选用设备材质大部分为玻璃材质等。由于废酸提浓单元的设备、管线、管件大多数由玻璃、碳化硅、搪玻璃等材料制成，受撞击、液锤、气锤、骤冷、骤热等作用，容易损坏，其操作难度较大。

2. 废酸提浓过程中玻璃、碳化硅、搪玻璃等材料制成的设备，经过一段时间的运行易结垢，因此专门设有清洗工艺。

3. 废酸提浓工序对稀硫酸提浓采用减压蒸馏，这样可以减少蒸汽的消耗，同时也降低了蒸汽的品位。

4. 废酸提浓工序排放的尾气首先经油（粗硝基苯）吸收尾气中的有机物体，然后用废酸吸收尾气中的氮氧化物，贮罐放空尾气也引到废酸吸收系统进行吸收，以实现尾气、废气的达标排放。

5. 装置产生的废水（含苯酸性水）全部输送到硝基苯单元的中和釜，经硝基苯废水塔处理后达标排放。

（二）废酸提浓工艺原理

硫酸浓缩采用真空蒸馏工艺，其实质是利用相同温度下硫酸溶液中水和硫酸不同的蒸气压蒸出硫酸中的水而提高硫酸的浓度。

根据相似相容原理利用油（粗硝基苯）和废酸吸收废酸提浓过程排放的有机物气体和酸性气体，使之排放达标。

（三）废酸提浓工艺过程

来自硝基苯单元的废酸，用原料酸泵（P-5101A/B）输送，经过工艺换热器（E-5101）用热的产品酸预热后入闪蒸罐（V-5101），在闪蒸罐（V-5101）中通过闪蒸分离，除掉大部分挥发性有机物及氮氧化物，然后进入酸蒸发浓缩器（E-5102）浓缩，在压力7.8~9.8kPa（绝）、温度100~150℃的条件下蒸发浓缩，在卧式蒸发器中逐段流动，温度逐段升高，水逐步蒸发，稀硫酸逐步被浓缩至83%以上，浓缩后的热的成品酸流出酸蒸发浓缩器（E-5102）并和产品酸泵（P-5102A/B）打循环的冷硫酸混合预冷却至130~140℃，再经工艺换热器（E-5101）与进料冷废酸换热，最后被成品酸冷却器（E-5104）冷却至30~50℃进入产品酸贮罐（V-5102），合格的产品酸用产品酸泵（P-5102A/B）输送，一部分至硝基苯单元，一部分用来和浓缩出来的热的成品酸混合调温，当产品酸不合格时送至硝基苯单元提取废酸罐（V-406），然后再经过原料酸泵（P-5101A/B）输送至前系统重新浓缩。

经闪蒸罐（V-5101）闪蒸分离的气相（NxOy及硝基苯和苯等有机物）进入除雾塔（T-5101），酸蒸发浓缩器（E-5102）蒸发产生的气相也进入除雾塔（T-5101），在除雾塔（T-5101）中与通过冷凝液循环泵（P-5103A/B）形成的喷淋流接触，使过热蒸气降温除去夹带的酸雾滴，减少酸损失，离开除雾塔（T-5101）的不凝气（水蒸气、Nx0y及硝基苯和苯等有机物）经蒸汽冷凝冷却器（E-5103）和蒸汽尾气冷凝冷却器（E-5106）冷却，水蒸气、部分有机物气体和酸性气体被冷凝后进入酸冷凝液贮罐（V-5104）。剩余的NxOy及少量硝基苯和苯等有机物气体经液环真空泵系统（P-5105A/B）后进入尾气吸收系统，被循环水循环吸收，经来自硝基苯单元的液体氢氧化钠中和后排放至下水系统；酸冷凝液贮罐（V-5104）的酸性水，一部分至硝基苯单元中和岗位，一部分去除雾塔

(T-5101)用作喷淋。硫酸浓缩部分的真空由液环真空泵（P-5105A/B）产生。

二、硝基苯生产工艺

硝基苯生产工艺特点如下：

1. 硝基苯单元硝化工序采用四釜串联工艺，以苯为原料，硫酸为催化剂，同硝酸发生硝化反应生成硝基苯，反应为强放热反应，工艺全过程具有易燃、易爆、易中毒、易灼伤的危险性。在硝化反应过程中，纯苯、硝酸及硫酸的投料量超出控制范围，反应热量不能及时移出，会造成温度急剧上升，超温操作会加快硝化反应速度，生成大量爆炸性副产物，严重时会造成冒釜甚至爆炸事故。

2. 硝基苯单元中和水洗工序所用洗涤水为脱盐水或装置回收的蒸汽凝液，均为除去钙镁粒子的洗涤水，可以避免给系统带入杂质。

3. 硝基苯初馏塔、精馏塔为低压类压力容器，超温、超压操作可能发生危险。精馏塔釜液位太低时，塔釜和再沸器内硝基酚盐类和二硝基苯等副产物浓度升高，塔釜蒸干时，这些物质在高温并进入空气（O_2）的条件下易发生爆炸。

4. 装置中和水洗工序产生的废水全部进入废水塔处理，合格后达标排放。

5. 精馏塔排放的釜残液用大桶包装，集中安全储存。

三、提取和硝化工艺

（一）提取硝化工艺原理

1. 提取：利用苯与废酸中的硝酸发生硝化反应提取循环废酸中的硝酸；根据硝基苯在废酸与苯中的溶解度不同，用苯萃取废酸中硝基苯，经重力沉降和离心分离得到提取废酸和酸性苯。

2. 硝化：苯和混酸中的硝酸发生硝化反应生成硝基苯。

主反应方程式：

$$C_6H_6 + HNO_3 \xrightarrow{H_2SO_4} C_6H_5NO_2 + H_2O + 1.525 \times 10^5 kJ/kmol \tag{5-1}$$

主要副反应方程式：

$$C_6H_6 + 2HNO_3 \xrightarrow{H_2SO_4} C_6H_4(NO_2)_2 + 2H_2O \tag{5-2}$$

(主要是间二硝基苯)

硝化反应后，经过重力沉降和离心分离得到循环废酸和酸性粗硝基苯。

（二）提取硝化工艺过程

1. **提取**

废酸循环罐（V-405）中的循环废酸，经尾气吸收塔（T-404）吸收尾气后加入提取釜（F-405），来自纯苯罐（V-401）的纯苯同时进入提取釜（F-405），经搅拌、混合、反应、提取后，混合液从提取釜（F-405）溢流口流出并沿切线方向进入提取分离器（ST-401），经离心分离和重力沉降，利用比重差进行连续分离，下层废酸经U形弯管流到提取废酸罐（V-406）内，再送至废酸提浓单元进行浓缩；上层酸苯溢流至酸苯罐（V-402）供硝化使用。

2. **硝化**

硝酸罐（V-404）内的硝酸、废酸循环罐（V-405）中的循环废酸、83%硫酸罐（V-403A）内的硫酸一起进入三酸混合器（M-401）混合，再经混酸冷却器（E-402）冷却，进入1号硝化釜（F-401）。同时酸苯罐（V-402）内的酸苯进入1号硝化釜（F-401），与混酸部分反应后，依次溢流至2号硝化釜（F-402）、3号硝化釜（F-403）、4号硝化釜（F-404）继续反应，通过调节硝化釜蛇管、夹套冷却水量及循环废酸量控制反应温度：1号60~72℃；2号72~82℃；3号70~80℃；4号65~80℃；反应热由冷却水、循环废酸和酸性物料带走，反应后的物料从4号硝化釜（F-404）溢出并沿切线方向进入硝化分离器（ST-402），经离心分离和重力沉降，进行连续分离，下层废酸进入废酸循环罐（V-405），上层酸性硝基苯溢流至中和工序。

3. **硝化尾气吸收**

四台硝化釜排放的尾气经尾气吸收塔（T-404）中的循环废酸先行吸收后，再经液流泵（P-409）用92.5%硫酸吸收，最后进入硫酸罐（V-403B）、放空。

四、中和水洗过程

（一）工艺原理

用浓度为1%~3%的液体氢氧化钠将酸性粗硝基苯中的酸和硝基酚中和成盐，该盐易溶于水，经水洗除去，从而得到中性粗硝基苯。

化学反应方程式：

$$HNO_3 + NaOH \rightarrow NaNO_3 + H_2O \tag{5-3}$$

$$H_2SO_4 + 2NaOH \rightarrow Na_2SO_4 + 2H_2O \tag{5-4}$$

$$C_6H_4(OH)NO_2 + NaOH \rightarrow C_6H_4(ONa)NO_2 + H_2O \quad (5-5)$$

（二）中和水洗工艺过程

自废酸提浓单元来的酸性水进入中和釜（F-406）或中和分离器（ST-403）；自铁路装卸单元来的液体氢氧化钠、自外管来的一级脱盐水或苯胺单元的冷凝水一起进入配碱混合器（M-402），混合稀释成浓度为1.5%～3%的液体氢氧化钠后进入中和釜（F-406），与来自硝化分离器（ST-402）的酸性粗硝基苯中的酸、酚发生中和反应转化成盐，控制中和釜（F-406）出口pH=7～10，中和后的硝基苯和废水沿切线方向进入中和分离器（ST-403）连续分离，上层废水进入废水第一扑集器（V-413A）处理，下层硝基苯经U形弯进入1号水洗釜（F-407），用来自外管的一级脱盐水或苯胺单元的冷凝水进行洗涤，洗涤后的物料沿切线方向进入1#水洗分离器（ST-404）连续分离，上层废水进入废水第一捕集器（V-413A）处理，下层硝基苯经U形弯进入2号水洗釜（F-408），同时硝基苯回收塔顶冷凝的硝基苯、粗硝罐（V-424C）中的废水也进入2号水洗釜（F-406），用外管来的一级脱盐水或苯胺单元的冷凝水进行洗涤，控制出口pH=7～7.5，洗涤后的物料沿切线方向进入2号水洗分离器（ST-405）连续分离，上层废水进入废水第一捕集器（V-413A）处理，下层硝基苯经U形弯管进入粗硝进料罐（V-424B），供硝基苯精制岗位使用。

五、硝基苯精制和回收过程

（一）工艺原理

1. 硝基苯精制

利用中性粗硝基苯中苯、水、二硝等杂物与硝基苯挥发度不同，通过初馏塔和精馏塔，经过精馏过程把它们分离出去，从而得到精硝基苯。

2. 回收过程

利用硝基苯和水形成共沸物的特点，通过共沸蒸馏，将硝基苯从废水中回收，使排放废水中硝基苯含量达到指标。

（二）硝基笨精制和回收过程工艺过程

1. 硝基苯精制

从2号水洗分离器分离出来的粗硝进入粗硝进料罐（V-424B），经连通管，下部硝基苯进入粗硝出料罐（V-424A），上层废水溢流至硝基苯水罐（V-424C）。V-424C 下部硝基苯回收至 V-424B，然后将其余废水打至 2 号水洗釜。（V-424A）上层废水溢流至（V-424B），下层粗硝经硝基苯预热器预热后进入硝基苯初馏塔进行真空精馏。

塔釜物料由初馏塔再沸器加热汽化、塔顶物料由回流液冷凝，经过多次部分汽化-部分冷凝，塔顶轻组分经初馏塔顶冷凝器冷凝至 30℃进入苯水分层器连续分离，上层苯流入苯罐（V-427），一部分回流至初馏塔顶，一部分回收至硝化岗位的苯贮罐（V-401）。塔釜重组分进入精馏塔进行真空精馏，塔釜物料由精馏塔再沸器加热汽化、塔顶物料由回流液冷凝，经过多次部分汽化、部分冷凝，塔顶轻组分硝基苯经精馏塔顶冷凝器和尾气冷凝器冷凝至 40~50℃进入硝基苯回流罐，经硝基苯回流泵输送，一部分回流至精馏塔顶，一部分送至苯胺单元，另一部分经成品冷却器冷却后送至罐区精硝基苯罐（V-102）；塔釜重组分排入残液罐。

初馏塔真空泵系统和精馏塔真空泵系统，用粗硝基苯做液环密封和冷却。（V-424A）中的粗硝进入真空系统气液分离罐，当分离罐液位较高时溢流至（V-424B）。分离罐中的物料经冷却器冷却送至真空泵，又随真空泵出口排出的废气进入分离罐循环使用。初馏塔真空泵进气经真空捕集器捕集物料后与塔顶冷却器相连。（V-431）捕集的液态苯间断排入苯罐（V-427）。

2. 废水处理

自中和分离器（ST-403）和 1 号水洗分离器（ST-404）、2 号水洗分离器（ST-405）上部溢流出的废水进入废水第一捕集器（V-413A），下层沉积的少量硝基苯回收到粗硝基苯罐（V-424B/C），上层废水溢流至废水第二捕集器（V-413B）。废水第二捕集器（V-413B）下层的少量硝基苯回收到粗硝基苯罐（V-424B/C），上层废水溢流至废水第三捕集器（V-413C）。第三捕集器（V-413C）下层的少量硝基苯回收到粗硝基苯罐（V-424B/C），上层废水进入废水预热器（E-421），用硝基苯回收塔（T-401）塔釜出来的热废水加热，经预热的废水进入硝基苯回收塔（T-401），控制塔釜温度 95~100℃、塔顶温度≤100℃，水和硝基苯形成的共沸物从塔顶蒸出，经硝基苯回收塔顶冷凝器（E-422A/B）冷凝后流入 2#水洗釜（F-408），釜残废水经废水预热器（E-421）换热降温后，排入硝基苯废水贮罐（V-422），经分析符合排放指标后流人污水池。污水池中的污水用污水泵送至污水外管。

第一、第二、第三废水捕集器顶部积聚悬浮的少量苯回收至苯水分层器（V-426），其下层水经 U 形弯管进入粗硝罐（V-424C），上层苯溢流至苯罐（V-401）中。

第三节　硝基苯生产过程安全分析

一、物质的危险有害因素辨识与分析

苯胺装置各单元涉及的危险、有害物质主要有氢气、氮气、硝酸、硫酸、废硫酸、纯苯、硝基苯、氢氧化钠（液体）、液氨（低温水站用）等。

（一）氢气（H_2）

氢气为无色气体。具有易燃易爆性，遇空气混合而形成爆炸性气体。空气中的爆炸极限为4.0%~74.2%（体）。不溶于水，不溶于乙醇、乙醚。

健康危害：本品在生理学上是惰性气体，仅在高浓度时，由于空气中氧分压降低才引起窒息。在很高的分压下，氢气可呈现出麻醉作用。

（二）氮气（N_2）

氮气是一种窒息性气体，吸入高浓度的氮气可引起缺氧，神志不清。

（三）硫酸（H_2SO_4）

无色无臭透明黏稠的油状液体。由于纯度不同，颜色自无色、黄色至黄棕色，有时还是浑浊状。本身不燃，但化学性质非常活泼。有强烈腐蚀性及吸水性。遇水发生高热而飞溅伤人或引起飞溅。所以在混合时只能把硫酸慢慢倒入水中加以搅拌，而不可把水倒入硫酸。与许多物质特别是木屑、稻草、纸张等接触猛烈反应，放出高热，并可引起燃烧。遇电石、高氯酸盐、雷酸盐、硝酸盐、苦味酸盐、金属粉末及其他可燃物等能猛烈反应，发生爆炸或着火。遇金属即反应放出氢气。腐蚀性强，能严重灼伤眼睛和皮肤。稀酸也能强烈刺激眼睛造成灼伤，并能刺激皮肤产生皮炎。进入眼中有失明危险。0.35~5mg/m^3时，可出现呼吸改变，呈全身性的呼吸变浅变快。5mg/m^3以上时，有不快感，咳嗽。6~8mg/m^3时，对上呼吸道有强烈刺激作用，与三氧化硫一样，可引起上呼吸道炎症及肺损害。

（四）硝酸（HNO_3）

硝酸的水溶液无论浓稀均具强氧化性及腐蚀性，溶液越浓其氧化性越强。能与多种物质如金属粉末、电石、硫化氢、松节油等猛烈反应，甚至发生爆炸，与还原剂、可燃物和有机物如糖、纤维素、木屑、棉花、稻草、废纱头等接触，引起燃烧并散发出剧毒的棕色烟雾，具有强腐蚀性。其蒸汽有刺激作用，引起眼和上呼吸道刺激症状。如眼泪、咽喉刺激感、呛咳，并伴有头痛、头晕、胸闷等。口服引起腹部剧痛，严重者可有胃穿孔、腹膜炎、喉痉挛、肾损害、休克以及窒息；皮肤接触引起灼伤。

（五）纯苯（C_6H_6）

无色透明液体、有强烈芳香味。易燃，其蒸气与空气可形成爆炸性混合物。遇明火、高热极易燃烧爆炸。与氧化剂能发生强烈反应。易产生和聚集静电，有燃烧爆炸危险。其蒸气比空气重，能在较低处扩散到相当远的地方，遇明火引起回燃。在短时内吸入大量苯蒸气可引起急性中毒，轻症起初有黏膜刺激症状，随后出现兴奋或酒醉状态，并伴有头痛、头晕、恶心、呕吐等现象。重症还可出现震颤、谵妄、昏迷、阵发性或强直性抽搐、脉细、呼吸浅表、血压下降，严重时可因呼吸和循环衰竭而死亡。急性期血清谷丙转氨酶活性增高，白细胞数轻度增加，血苯、尿酚升高。

（六）硝基苯（$C_6H_5NO_2$）

淡黄色透明油状液体，有苦杏仁味。遇明火、高热或氧化剂接触，有引起燃烧爆炸的危险。与硝酸反应强烈。健康危害主要是引起高铁血红蛋白血症。可引起溶血及肝损害。急性中毒：有头痛、头晕、乏力、皮肤黏膜发绀、手指麻木等症状；严重时可出现胸闷、呼吸困难、心悸，甚至心律市场、昏迷、抽搐、呼吸麻痹。有时中毒后出现溶血性贫血、黄疸、中毒性肝炎。慢性中毒：可有神经衰弱综合征；慢性溶血时，可出现贫血、黄疸；还可引起中毒性肝炎。

（七）液氨（NH_3）

液氨易溶于水，形成氢氧化铵，溶于乙醚等有机溶剂。贮存液氨的容器和钢瓶，受热后容器和瓶内压力增大，有爆炸的危险。氨对皮肤、黏膜和眼睛有腐蚀性，浓度为 20×10^{-6} 或更高时，即有明显的刺鼻气味，100×10^{-6} 时会刺激眼鼻，700×10^{-6} 时会严重刺激眼鼻，超过 1700×10^{-6} 可引起严重咳嗽、支气管痉挛、肺水肿和窒息。接触液氨可引起严重灼伤。

（八）氢氧化钠（NaOH）

氢氧化钠溶液为碱性腐蚀品，溅到人员皮肤和眼内可引起严重的化学灼伤，可损伤角膜、结膜甚至虹膜，若现场不及时处理可造成视力减退，甚至失明。

另外，脱硫剂、转化催化剂、中变催化剂、吸附剂、还原催化剂等本身虽无毒，但使用过的含碳催化剂暴露在空气中易发生自燃。

碳酸钾系非危险化学品，溶液呈弱碱性，有腐蚀性，人体皮肤、眼睛接触可造成灼伤。

配制复合胺液使用的五氧化二钒（V_2O_5），根据《剧毒化学品目录》，属于剧毒化学品。人员需要格外注意防毒。

二、重大危险源辨识与分析

根据苯胺装置的生产规模和原料、产品的储存规模，我们认为在生产场所的各易燃物质的实际存在量与各自临界量的比值之和大于1，本装置已构成生产场所重大危险源；在罐区和铁路装卸站台储存的苯远远超过其临界量，罐区和铁路装卸站台的苯贮罐已构成贮存区重大危险源。

三、工艺过程和设备的危险有害因素辨识与分析

1. 硝基苯单元硝化工序采用四釜串联工艺，以苯为原料，硫酸为催化剂，与酸发生硝化反应生成硝基苯，该反应为强放热反应，工艺全过程具有易燃、易爆、易中毒、易灼伤的危险性；在硝化反应过程中，纯苯、硝酸及硫酸的投料量超出控制范围，反应热量不能及时移出，会造成温度急剧上升，超温操作会加快硝化反应速度，生成大量爆炸性副产物，严重时会造成冒釜甚至爆炸事故。

2. 硝基苯单元的初馏塔、精馏塔为低压类压力容器，超温、超压操作可能发生危险。精馏塔釜液位太低时，塔釜和再沸器内硝基酚盐类和二硝基苯等副产物浓度升高，塔釜蒸干时，这些物质在高温并进入空气（O_2）的条件下易发生爆炸。

3. 在硝基苯单元中进行中和水洗时若碱液浓度、投加量和速度控制不严格，则容易使中间产品硝基苯呈酸性，导致后工序的腐蚀性变大。

4. 在苯胺单元的苯胺反应器中，反应温度、压力控制不严格，容易导致还原催化剂中毒、超温而使反应失败，并有可能导致火灾、爆炸、中毒事故。

5. 苯胺单元的精馏塔由塔底再沸器提供热源，对塔底液面、温度和塔的操作压力要求苛刻，当操作波动较大时会引起安全阀起跳或使动、静密封面损坏而跑损硝基苯、苯胺、氢气等易燃易爆、有毒物质，造成火灾、人员中毒的危险。

6. 在废酸提浓单元中其精馏操作危险性大，因通过精馏操作提供处理的硫酸具有强腐蚀性，故选用的设备、管道材质大部分为玻璃材质，玻璃材质的设备、管道易受到撞击、液锤、气锤、骤冷、骤热等作用，容易损坏、破裂而发生泄漏、引起生产波动，极有

可能导致腐蚀、化学灼伤后果发生，使精馏操作的难度增大。

7. 废酸提浓单元各玻璃材质的设备、管道经过一段时间的运行后，容易结垢，若清洗不及时或清洗效果不佳，则容易导致物料输送阻力大，引起生产波动。

8. 本装置出现故障，运行不正常，导致有毒的原料苯、中间产品硝基苯和转化气、产品苯胺等介质泄漏，致使厂区人员中毒、恐慌。

9. 泄漏的原料气——氢气和燃料气在空气中达到爆炸极限，遇到以下各种火源：明火火焰、高温、电气火花、敲击火花、机械火花、雷电、静电火花以及人为因素（如吸烟）等，极易形成爆炸性的危险环境，引起火灾、爆炸事故发生，而造成停产、财产损失、环境影响、各种人身伤害后果。

氢气和燃料气泄漏的主要原因有以下四点：

①管道、仪表系统设计存在缺陷、安装施工质量差。

②操作人员操作不当。

③车辆撞击管架而引起天然气管道变形、裂缝、断裂等。

④环境因素，包括气候、地理等自然因素和社情、民俗等社会因素，环境如温度、湿度、噪声、照度等。

10. 若本装置有关系统中的硫酸、硝酸、废硫酸、碱液的中间贮罐及管道、阀门、法兰等发生泄漏，则有可能导致灼伤人员；作业现场缺少安全喷淋和洗眼器设施，更会导致灼伤后果加重。

11. 在检修作业中，操作人员因误操作或违章操作，原料苯、中间物料硝基苯、产品苯胺等有毒介质泄漏而引起人员中毒事故发生。

12. 装置各单元的有关压力容器和压力管道的设计、制造和安装存在缺陷，运行时则有发生压力容器和管道爆炸的可能。

13. 装置各单元的安全阀、压力表等安全附件失灵，导致压力过大，而使压力容器和管道有发生容器爆炸的可能。

14. 设备附件和管道连接处密封不好或密封垫片老化，引起硫酸、硝酸、废硫酸、碱液等介质泄漏，除引起人员灼伤外，还会引发腐蚀建筑物、设备、设施的事故发生。

15. 装置各单元连续性强，自动化程度高，若自控仪表（含 DCS 系统）发生故障，突然停电、停仪表空气、停蒸汽、停氮气、停循环冷却水，则可造成物料输送、反应紊乱，导致超温超压、设备损坏，发生物料泄漏，而引发火灾、爆炸、人员中毒、环境污染等连锁事故。

16. 在生产过程中，因设备、设施的安全阀、压力和温度控制仪表、液面计和高低液位报警系统、安全联锁、消防水灭火系统、可燃气体检测报警、火灾自动报警和火灾手动报警按钮等选型不当，控制参数设定不准，安全附件、仪器、仪表等未定期检验、检测、检定、检修和维护保养，而会造成操作失误，造成物料跑、冒、滴、漏，造成设备超温超压、指标紊乱、异常停车等危险发生，最终引发火灾、爆炸、中毒、灼伤等事故发生。

17. 易燃、易爆的工艺介质在管道中流动，流速过快，产生一定的静电，若静电接地设施失效或无接地设施，则有发生静电引起火灾爆炸的可能。

18. 供给有关容器的软化水软化指标控制不严格，因结垢严重又未检修、清洗，而导致容器爆炸事故发生。

19. 装置开工过程中，设备、管道要引入各种工艺介质进行吹扫、置换，工艺介质的温度、压力也要逐步从常温、常压提到规定值。开工中各种催化剂要升温、还原达到“活化态”。开工中操作繁杂、步骤多、操作参数变化大、要求高、环节多、时间长，因而操作不当极易发生事故。

20. 装置停工时，设备、管道进行降压、降温、置换、吹扫；运行设备停运；转化催化剂、中温变换催化剂进行降温、钝化等操作。停工时操作参数变化大，操作步骤繁杂。停工中，特别是紧急（事故）停工时，若处理不当，易发生事故。

21. 装置的联锁设施可保护装置的生产运行和设备的安全，但一旦联锁系统发生故障而误动作，往往会造成装置误停车，而影响正常生产。

22. DCS 集散控制系统的所有 I/O 点、数据通信接口、供电接口等因保护接地不良有可能将雷电感应所引起的过电流与过电压引入系统的关键部位，造成设备损坏。

23. 仪器、仪表的防爆和防护等级若达不到防护等级要求，也可能引发火灾、爆炸危险。

24. 电气设备线路绝缘损坏、线路短路，或没有按规定设置漏电保护器，甲级防爆区域的电气设备、线路、照明等不符合防爆要求，均可能产生电气火花而引起火灾、爆炸事故。

四、管架的危险有害因素辨识与分析

1. 苯胺装置界区的管架上较集中地布置了输送具有易燃易爆、有毒、腐蚀等危险性的物料管道和各种电缆。如果管架不够牢固，则管架有倒塌的可能性，可导致管道失去支撑而断裂，引起各种物料泄漏。若具有易燃易爆、有毒、强腐蚀性的物料泄漏，遇到各种火源则会引发火灾爆炸事故和中毒事故。

2. 如果钢筋混凝土，钢质的柱、梁等未按规定涂刷耐火材料，在发生火灾时，其受高温影响，强度会降低，同样会导致上面情况的发生，甚至有使已发生的事故扩大化的可能。

3. 如果管架的高度设置过低，位置不合理等，不仅影响正常的交通及消防，还增加了遭受失控及事故车辆撞击的危险，如遭受车辆撞击，管架坍塌，管道断裂，有引发其他事故的危险。

4. 布置在管架上的管道如未合理地采取支撑、固定及消除伸缩应力的措施，也有管道断裂的可能，容易导致物料泄漏而发生事故。蒸汽管道和其他热物料管道应布置在其他物料管道的上方，否则会使其他物料管道中的物料产生膨胀而超压，导致管道和法兰裂开。

五、供、配电系统的危险有害因素辨识与分析

苯胺装置供、配电系统潜在的主要危险、有害因素为作业人员触电、电气火灾。

1. 因防爆、防腐电气设备元件质量不过关或设计、选型、安装、检修不规范，遇到易燃气体泄漏达到爆炸极限，引起火灾爆炸事故。

2. 造成触电事故的主要原因有设备缺陷、设计和安装不当、违章指挥、违章作业。

3. 电线、电缆不及时检修和更换，电线、电缆绝缘层老化发生短路，引起电气火灾事故。

4. 电气设备工作保护接地不良，因静电放电、雷电放电引发火灾事故。

5. 电气设备及线路，若有漏电及破损，或保护装置失效，人触及带电体时，有触电危险发生。

6. 用电制度、电气、电路维修制度不完善，或执行不力，会造成人员触电事故，发生人员伤亡事故。

7. 如绝缘接地、防静电接地、防漏电接地系统失效，会造成电击伤害，发生人员伤亡事故。

8. 校验、巡回检查不到位，可造成人员触电。

9. 个体防护用品不合格或不使用防护用品，会发生人员触电事故。

10. 超载、短路保护器失灵，会造成电气火灾事故，如环境内存在可燃气体泄漏、聚积，可引发爆炸事故发生。

六、人员的危险有害因素辨识与分析

在苯胺装置各单元过程中，一切生产活动都是由人来进行控制和完成的。人在生产过程中起着主导作用，因此，人的不安全行为，会给安全生产带来很大影响，也可能造成事故。

1. 本装置人员的操作技能达不到要求，安全意识和防护、处理能力差，未进行严格

的教育培训考核，生产操作、安全操作技能低下，当发生异常情况时，处置不当而造成事故的发生。

2. 有章不循、违章操作、违反工艺安全操作规定，违反检维修作业安全规定，而造成生产、设备或人身伤害事故。

3. 生产组织者违章指挥，盲目蛮干，而造成生产、检修等事故的发生。

4. 生产过程中由于人的误操作或判断失误，造成跑料、设备憋压、负压，而造成设备损坏和事故的发生。

5. 上班前未能进行很好的休息，作业中疲劳过度，精力不集中、超强度、超时限进行生产操作，而发生生产操作事故。

6. 心理或生理性的原因，责任心不强，心情不畅，操作不当，而造成各类事故的发生。

7. 未严格管理外来人员，其将火源（如火柴盒、打火机）带入爆炸危险区域，在爆炸危险区域内打手机，而发生意外的火灾、爆炸事故。

8. 各类人员缺乏火灾消防知识和中毒事故应急处理能力，导致发生火灾、中毒等事故时，惊慌失措，不能有效消灭初期火灾和实施中毒事故处理。

七、其他的危险有害因素辨识与分析

本节对苯胺装置各工艺单元潜在的其他危险有害因素如噪声和振动、机械伤害、高温辐射危害与高温物体烫伤、腐蚀与化学灼伤、高处坠落、起重伤害、车辆伤害等进行辨识。

1. 蒸汽（气体）管道、氢气压缩机、制冷压缩机、空压机、离心水泵、各类工艺泵等的噪声和振动大，人员长时间暴露在严重的噪声与振动环境中，会由于噪声的作用而引起听力损失（也称噪声性耳聋），或产生烦躁心理，导致人的不安全行为，甚至发生事故。

设备和管道的振动还有可能造成密封失效、焊缝开裂，或管件因不断摩擦造成壁厚减薄，造成介质泄漏，引起环境污染，乃至发生火灾爆炸、人员中毒、灼伤、烫伤危险。设备和管道上的仪器仪表因振动，有可能造成失灵、误报等事故。

2. 在有关生产工艺系统中，人员易受到高温辐射危害，高温作业对人体产生多种影响，可使体温、皮温升高，水盐代谢平衡紊乱，循环系统改变，消化道疾病增多，神经系统受到抑制以及尿液浓缩、肾脏负担加重等；涉及高温介质的工艺管道和设备若保温不良或破损，则存在人员被烫伤的可能，泄漏的高温介质（如蒸汽及其冷凝液、高温工艺介质等）会将人员烫伤。

3. 运动的机械（如各类压缩机、工艺泵等）和静止的设备，由于其自身存在一些缺陷（如联轴节的防护罩未固定牢靠）或管理不到位，有可能对人员造成机械伤害。

4. 本装置中各层操作平台和吊装孔的栏杆、扶梯因设计不合理、焊接存在缺陷或腐蚀损坏，或由于人员注意力不集中，而引起人员高处坠落事故发生。

5. 储存各类酸、碱液的设备和其输送管道、阀门等因缺少防护设施，如管道、阀门的法兰上缺少防喷射罩子，现场缺少“当心腐蚀”的安全标志，又无安全喷淋和洗眼器，当发生碱液泄漏时容易将人员灼伤，而无法及时冲洗。另外，生产设施还受到腐蚀损坏。

6. 进行采样操作时，因未穿戴必要的劳动防护用品，操作不当，有可能引起人员中毒、灼伤、火灾等事故。

7. 更换催化剂时产生的粉尘对人员健康有一定程度的中毒危害。

8. 若给本装置操作人员配备的劳动防护用品型号不合理，或数量不足，或存在损坏或缺陷现象，当发生各类事故时，则不能满足事故应急的需要，而使操作人员受到化学灼伤、中毒、粉尘危害等伤害。

9. 循环冷却水由于水中溶解有氧，水中还存在各种浓缩的离子如氯离子，加上细菌繁殖，经常造成水冷器发生腐蚀与结垢，结垢会降低水冷器的传热效率，腐蚀会造成其穿孔泄漏，严重影响正常生产。

10. 界区的机动车辆管理不严格，如未配备阻火器，机动车辆本身存在机械故障，发生车辆撞击、拖拉事故，导致火灾、爆炸、中毒、腐蚀等事故后果。

八、检修、施工过程的危险有害因素辨识与分析

1. 在检修、施工过程中，各作业区域未认真落实动火方案，而对本装置的安全生产构成严重威胁，引发火灾、爆炸等恶性事故，造成极坏的社会影响。

2. 在检修、施工过程中，如开挖基础、地沟时的土石塌方、脚手架坍塌、堆置物倒塌等会对人员和设备、设施造成伤害和损坏事故。

3. 在检修和安装设备的过程中，因起重机械存在故障或起重操作不当而造成挤压、高处坠落、物体打击和人员触电等二次事故发生。

4. 在检修、施工过程中，人员使用工具不慎或其他原因导致工具或物体在重力或其他外力的作用下产生运动，打击人体而造成物体打击伤害事故。

5. 未配备防爆工具，或在爆炸危险区域检修设备、管道时未使用防爆工具，则容易发生火灾、爆炸事故。

第六章　合成氨工艺过程安全分析

第一节　典型合成氨工艺流程

氨是化肥工业和基本有机化工的主要原料。合成氨过程以煤、天然气、重油或石脑油为原料，通过一系列的化学反应与分离过程获得生产氮肥的重要原料。除液氨可直接作为肥料外，农业上使用的氮肥，例如尿素、硝酸铵、磷酸铵、氯化铵以及各种氮复合肥，都是以氨为原料的。天然气、石脑油、重质油和煤等都是合成氨的主要原料来源，因为以天然气为原料的合成氨装置不但投资少成本低，而且能源消耗较少，所以，许多企业采用的都是以天然气为主原料的合成氨装置，但自从石油价格上涨以后，考虑到煤的储量在世界燃料储量中居多（约为石油、天然气储量总和的 10 倍），所以煤制氨路线又受重视起来。我国已掌握了以焦炭、无烟煤、褐煤、焦炉气、天然气及油田伴生气和液态铵等气固液多种原料生产合成氨的技术，形成中国特有的煤、石油、天然气原料并存和大、中、小生产规模并存的合成氨生产格局。

合成氨厂存在不少危险、有害因素，这些危险、有害因素是导致合成氨厂重大事故发生的根源，国内外合成氨厂事故及与液氨有关的事故比较多。

合成氨生产的物料（易燃易爆，有毒）和工艺条件决定其固有危险性较高。事故统计表明，多数事故、火灾和爆炸（80%）是由各种工艺设备泄出可燃气体造成的。分析大型合成氨装置开车和操作过程中发生的事故和故障表明，设计错误占事故总数的 10% ~15%，施工和设备安装错误占 14% ~16%，设备、机械、管件、控制计量仪表等方面的缺陷占 56% ~61%，操作人员错误占 13% ~15%。

由以上分析可见，合成氨工艺过程安全事故不仅造成严重的财产损失，还会造成重大的人员伤亡。因此，有必要运用系统的方法对合成氨工艺过程进行危害辨识，并采取必要的措施消除和减少危害，或减轻危害可能导致的事故后果。

为了生产合成氨，首先需要制备含氮与氢的原料气。这可以通过使用煤、石油、天然气等进行制备，不过，制备的氮、氢原料气一般都含有二氧化碳、一氧化碳、硫化物等杂质。因此，氢、氮的原料气送入合成塔之前，必须进行净化处理，除去各种杂质，最后得到生产所要求纯度的氢、氮混合的合成气。合成氨的生产过程主要包含三个阶段：原料气制备；原料气净化；原料气压缩和合成。

典型合成氨工艺有：①节能 AMV 法；②德士古水煤浆加压气化法；③凯洛格法；④甲醇与合成氨联合生产的联醇法；⑤纯碱与合成氨联合生产的联碱法；⑥采用变换催化剂、氧化锌脱硫剂和甲烷催化剂的“三催化”气体净化法等。下面主要介绍以煤为原料的合成氨工艺路线和以天然气为原料的合成氨工艺路线。

一、以煤为原料的合成氨工艺路线

工艺主要分为三个部分，即造气、净化和合成。

（一）造气

经皮带输送机将粒度为 25~75mm 的无烟煤送到储煤仓，再加入煤气发生炉中，交替地向炉子通入空气和蒸汽，气化所产生的半水煤气（有效成分为 N_2、H_2，还含有 CO、CO_2、H_2S 等杂质）经燃烧室、废热锅炉回收热量后，送到煤气柜储存。

煤气化的主要设备是煤气化炉，又称煤气发生炉（gasproducer）。气化炉中所进行的反应，除部分为气相均相反应外，大多数属于气固相反应过程，所以气化反应速度与化学反应速度及扩散传质速度有关。原料煤的性质（包括煤中水分、灰分和挥发分的含量，黏结性，化学活性，灰熔点，成渣特性，机械强度和热稳定性以及煤的粒度和粒度分布等）对气化过程有不同程度的影响，因此，必须根据煤的性质和对气体产物的要求选用合适的气化方法。按煤在气化炉内的状态，气化方法可划分为三类，即固定床（包括移动床）气化法、流动床气化法和气流床气化法。典型的工业化煤气化炉型有：UGI 炉、鲁奇炉、温克勒炉（Winkler）、德士克炉（Texaco）和道化学煤气化炉（DowChemical）等。

（二）净化

半水煤气先送经电除尘器，除去其中固体小粒后，依次进入氮氢气压缩机的第Ⅰ、Ⅱ、Ⅲ段变换后的气体返回热交换器与半水煤气换热后，再经热水塔使气体冷却，进入变换气脱硫塔中洗涤，以脱除变换时有机硫转化而成的 H_2S。此后，气体进入 CO_2 吸收塔，用水（或热钾碱溶液）洗除气体中绝大部分 CO_2。经脱除 CO_2 的气体，回到氮氢气压缩机的第Ⅳ、Ⅴ段，加压到 12~13MPa（表压），依次进入铜液塔（用醋酸铜氨液洗涤）、碱液塔（用苛性钠溶液洗涤）中，使气体中 CO 和 CO_2 含量小于 20%~30%。这时，气体净化完毕。

（三）合成

氮氢混合气回到氮氢压缩机第Ⅵ段，加压到30～32MPa（表压），进入油过滤器中。在此与循环气压缩机来的循环气混合并除去其中油分后，进入冷凝塔与氨蒸发器的管内，再进入冷凝塔下部分得到部分液氨，再通过冷凝塔管间与管内气体换热后，进入氨合成塔中，在有铁触媒存在的条件下，进行高温高压合成，有10%～16%合成为氨，再经水冷凝器与氨分离器分离出液氨后，进入循环机循环使用。分离出来的液氨送往液氨储槽。

二、以天然气为原料的合成氨工艺路线

合成氨所需的氢气由甲烷（天然气主要成分）与水蒸气反应得到；而合成氨所需的氮气是直接从空气中取得的。

经脱硫后的天然气与蒸汽以一定比例混合后进入一段转化炉炉管内，在催化剂的作用下进行甲烷转化反应，将甲烷转化为H_2、CO或CO_2，在管外通过燃烧天然气与弛放气来提供甲烷转化反应所需要的热量，一段转化炉出口气体再与工艺空气和蒸汽混合后进入二段转化炉，空气中的氧气先与一段转化气中的部分氢发生燃烧反应，此反应所放出的热量使气体温度升高，从而使一段转化气中残存的甲烷进一步转化，最终要使二段转化炉出口气体中甲烷含量降到规定指标以下；二段炉加入空气中的氧全部反应后，其剩余的氮，为提供合成氨反应所需。在二段炉前配入工艺空气的比例可作为调节合成系统氢氮比的主要手段。

从二段转化炉出来的转化气再经过废热锅炉进行热量回收，以产生整个工艺系统所需要的高压蒸汽。经热量回收后的工艺气进入变换工程，依次经过高温变换炉与低温变换炉，在催化剂床层内进行变换反应，使CO与水蒸气继续反应生产合成氨所需的H_2，并除去CO。

经低温变换后的出口气体中含有大量二氧化碳，此工艺气被引入二氧化碳吸收塔的底部，在塔内与脱碳溶液逆流接触，气体中的二氧化碳被溶液吸收，脱碳气从顶部引出。从吸收塔底部出来的富液经过降压闪蒸，在再生塔中脱除二氧化碳后再返回循环使用。再生塔顶部出口的二氧化碳则供尿素生产之用。

从吸收塔顶引出的脱碳气再进入甲烷化炉，使未被完全清除的一氧化碳与二氧化碳在甲烷化催化剂的作用下，与氢发生反应生成甲烷，最终使残余的（$CO+CO_2$）脱除到微量（$CO+CO_2$含量应在$20cm^3/m^3$以下），从而制得合成氨所需的氢氮混合气（新鲜气）。此新鲜气经压缩机加压，并与合成出口的循环气相混合后再经循环压缩机压缩后进入合成系统，在合成塔的催化剂床层上进行合成反应生成氨。

合成塔出口气体经过一系列的换热器进行热量回收，经高低压分离器分离出液氨，而大部分气体则返回合成系统循环使用。为防止循环气惰性气体（如 CH_4+Ar）含量的不断累积升高，需要适量排放循环气，从而使合成塔维持在较高的转化率状态下进行生产操作。

第二节　合成氨工艺过程原理及工艺控制

一、过程原理

氨的合成是将三份氢与一份氮，在高温高压和有接触媒存在的条件下进行的。合成氨的生产可分为三个部分：

①造气——制出含氢和含氮占一定比例的原料气；②净化——除去气体中的杂质；③合成将三份氨和一份氮合成为氨。

合成氨是一个放热、气体总体积缩小的可逆反应。

$$N_2 + 3H_2 \rightarrow 2\,NH_3 \tag{6-1}$$

加压、升温、使用催化剂、增加 N_2、H_2 的浓度可以提高合成氨的反应速率。加压、降温可提高平衡混合物中的 NH_3 的含量。

二、工艺控制

氨合成过程工艺条件主要包括压力、温度、空速、气体组成等。

（一）压力

工业上合成氨的各种工艺流程，一般都以压力的高低来分类。

高压法压力为 70~100MPa，温度为 550~650℃；中压法压力为 40~60MPa，低者也有用 15~20MPa，一般采用 30MPa 左右，温度为 450~550℃；低压法压力为 10MPa，温度为 400~450℃。

从化学平衡和化学反应速度两方面考虑，提高操作压力可以提高生产能力，同时分离流程简单。高压下只要水冷却就可以分离氨，设备较为紧凑，占地面积也较小。不过，压力高时，对设备材质、加工制造的要求均高。同时，反应温度一般较高，催化剂使用寿命缩短。

因此，中压法是当前世界各国普遍采用的方法。

（二）温度

实际生产中，希望合成塔催化剂层中的温度分布尽可能接近最适宜温度曲线。催化剂的活性需要在一定的温度范围内才能发挥出来。如果温度过高，会使催化剂过早地失去活性；相反，如果温度过低，则达不到活性温度，催化剂起不到加速反应的作用。

控制最适宜的温度是指控制“热点温度。“热点”温度是在反应过程中催化剂层中温度最高的那一“点”。

（三）空间速度

空间速度，简称空速，可以用 S_v 表示。空速是反应器入口处的体积流量 V_0 与反应器有效容积 V_R 之比，为停留时间 τ_e 的倒数，即：

$$S_v = \frac{1}{\tau_e} = V_0/V_R \tag{6-2}$$

其中，S_v 的单位为 s^{-1} 或 min^{-1}。

空速的意义，是指单位时间内处理的物料量为反应器有效容积多少倍。例如，当 $V_0 = 1m^3/min$，$V_R = 2m^3$ 时，$S_v = \frac{V_0}{V_R} = 0.5\ min^{-1}$，其意义是 1min 处理的物料量为 V_R（$2m^3$）的 0.5 倍，即 $1m^3$ 的物料。

对氨合成塔而言，空间速度的大小意味着处理量的大小，在一定的温度、压力下，增大气体空速，就加快了气体通过催化剂床层的速度，气体与催化剂接触时间缩短，在确定的条件下，出塔气体中氨含量会降低。因合成氨生产过程是一个循环流程，空速可以提高。空速大，处理的气量大，虽然氨净值有所降低但能增加产量。但空速过大，氨分离不完全，增大设备负荷，不利安全生产。空速也有一个最适宜范围，不仅决定氨的产量，也关系装置的生产安全。

三、氨合成塔

为了结构合理，便于加工和检修方便等，合成塔分为筒体（外筒）和内件两部分，内件置入外筒之内，包括催化剂筐、热交换器和电加热器三部分构成。大型合成氨的内件一般不设电加热器，而由塔外加热炉供热。进入合成氨的气体先经过内件与外筒之间的环隙，内件外面设有保温层，以减少向外筒的散热。因而外筒须承受一定的压力（操作压力与大气压之差），但不承受高温，可用普通低合金钢或优质碳钢制成。在正常情况下，寿命可达四五十年以上。内件虽在500℃左右的高温下操作，但只承受环隙气流与内件气流的压差，一般仅为1~2MPa，从而可降低对材质的要求。一般内件可用合金钢制作。

第三节 氨分离过程原理

一、冷凝法

冷凝法是冷却含氨混合气，使其中大部分氨冷凝与不凝气分开。加压下，气相中饱和氨含量随温度降低，压力增高而减少。若不计惰性组分对氨热力学性质的影响，饱和氨含量可由下式计算：

$$\lg y_{NH_3}^{*} = 4.1856 + \frac{18.814}{\sqrt{p}} - \frac{1099.5}{T} \tag{6-3}$$

式中$y_{NH_3}^{*}$——气相平衡氨含量,%；

p——混合气总压力，MPa；

T——温度，K。

可见加压、降温有利于氨冷凝。

二、水吸收法

氨在水中有很大的溶解度，与溶液成平衡的气相氨分压很小。用水吸收法分离氨效果良好，可得到浓氨水产品。从浓氨水制取液氨须经过氨水蒸馏和气氨冷凝，消耗一定的能量，工业上采用此法者较少。

第四节 合成氨工艺过程危险性分析及安全控制

凡造成人员伤亡或直接影响人的健康，或者引发某种疾病的因素，这里包括吸入慢性有毒气体，都是危险有害因素。危害因素的分类方法有很多种，评价中常把其分为职业健康、导致事故的直接原因、参照事故类别等。

对于合成氨工艺的危险性，下面从危险化学品物料、工艺、设备、控制和系统五方面进行分析。

一、危险化学品物料

合成氨工艺中涉及的主要危险化学品物料有一氧化碳、二氧化碳、硫化氢、氢气、氮气、甲烷等。这是由最初的原料采用煤为主而产生的原料气为半水煤气制造出来的。在整个产生氨气的过程中，对净化阶段的要求也非常严格。由此根据《危险货物品名表》可以查出二氧化碳为第2.2类不燃气体；一氧化碳、氢气、硫化氢、甲烷为第2.1类易燃气体；氨水为第8.2类碱性腐蚀品；氨为第2.3类有毒压缩气体。

H_2 在空气中的爆炸极限为4%~74.2%，因此与空气混合有爆炸危险；NH_3 本身有刺激性气味，使人窒息。同时 NH_3 还与空气会发生催化氧化反应，典型反应为：

$$4NH_3 + 5O_2 \rightarrow 4NO + 6H_2O \quad (式6-4)$$

因此，这些易燃气体在厂区内如果处理不当，极易诱发火灾爆炸事故，其中液氨储存于储罐罐体时，有一定的腐蚀性，要做好日常维护工作，氨气泄漏后会对周围环境造成污染，对周围工作人员或者附近群众有一定的毒害性。所以，合成氨企业主要存在爆炸、中毒、火灾等危害因素。

二、工艺安全分析

工艺上合成氨采用高温、高压工艺技术，工艺指标控制不好，同样会发生危险。比如对合成塔而言，工艺控制指标主要有：温度、运动、空速、气体组成等。工艺危险特点如下：

1. 高温、高压使可燃气体爆炸极限扩宽，气体物料一旦过氧（亦称透氧），极易在设备和管道内发生爆炸。

2. 高温、高压气体物料从设备管线泄漏时会迅速膨胀与空气混合形成爆炸性混合物，遇到明火或因高流速物料与裂（喷）口处摩擦产生静电火花引起着火和空间爆炸。

3. 气体压缩机等转动设备在高温下运行会使润滑油挥发裂解，在附近管道内造成积炭，可导致积炭燃烧或爆炸。

4. 高温、高压可加速设备金属材料发生蠕变、改变金相组织，还会加剧氢气、氮气对钢材的氢蚀及渗氮，加剧设备的疲劳腐蚀，使其机械强度减弱，引发物理爆炸。

5. 液氨大规模事故性泄漏会形成低温云团引起大范围人群中毒，遇明火还会发生空间爆炸。

例如，曾经发生氨合成塔出口的三通法兰接头处氮氢混合气燃烧事故。装置操作过程中，记录仪表显示循环用离心式压缩机电机的电流负荷上升，表明压缩机操作不正常，因此，合成塔内停止循环一段时间，导致合成塔出口处氮氢混合气的温度由220℃下降到170℃，温度变化使合成塔出口处的三通管法兰接头密封受到损坏，氮氢混合气泄漏并燃烧。

结合前面以煤为原料的合成氨工艺各个工段，根据工艺过程中可能出现的危险有害因素进行辨识，主要结合生产场所存在危险有害因素的法规标准和事故分类标准来辨识。下面分析各工段的主要危险有害因素。

（一）原料生产过程主要危险、有害性分析

原料工段的主要危险有以下几种：煤堆的自燃、机械伤害、电气伤害、粉尘危害、噪声、起重伤害以及黏土煤球利用吹风气热量烘干过程中温度过高引起的煤球燃烧等。

（二）造气生产过程主要危险、有害性分析

造气装置往往都具有高温低压、有毒有害、易燃易爆的特征。

制作过程中，以水蒸气、空气为气化剂，以煤球、焦炭等为原料来制作合成氨原料气，在发生炉内高温条件下与空气氧化进行化学反应而制得的。选用间歇制气而来，其中间过程分为五个阶段，因此流程中必须安装高质量合格的阀门，必要时让液压系统对其开闭加以控制。像这种高要求的介质流向以及高科学的控制，使生产运行过程显得十分危险。

造气生产过程主要危害因素包括：①火灾、爆炸；②毒物危害；③高温灼烫；④机械伤害；⑤噪声危害；⑥高处坠落伤害；⑦电气伤害；⑧粉尘危害；⑨物体打击等。

（三）脱硫生产过程主要危险、有害性分析

脱硫工段发生事故主要设备有：罗茨鼓风机、脱硫塔等。脱硫生产过程主要危害因素包括：①火灾、爆炸；②物体打击；③噪声危害；④中毒危害；⑤高处坠落伤害等。

（四）变换生产过程主要危险、有害性分析

在净化过程中，随着二氧化碳、一氧化碳及硫化物的除去，氢的含量相对增高，使爆炸上、下限移动，苛刻的工艺条件，增加了系统的危险性，因此，腐蚀、中毒、泄漏，火灾爆炸是本系统的主要危险。

变换生产过程主要危害因素包括：①火灾、爆炸；②物体打击；③高温灼烫；④中毒危害；⑤高处坠落伤害等。

（五）脱碳生产过程主要危险有害性分析

脱碳工段操作具有 2.1 MPa 左右压力，若脱碳塔长期使用，设备腐蚀又未能及时检测不能承受一定的压力而产生爆炸，将造成人员伤亡和严重财产损失。脱碳塔液位在脱碳工段的操作过程中起到非常关键的作用，脱碳塔液位也是保持脱碳塔显示稳定的操控局面。倘若脱碳塔液位低时，致使高压气体很容易造成自动调节阀阀门跳动，使高压气体再次进入再生系统，对低压设备的破坏性极大，易引发事故。

（六）精炼生产过程主要危险、有害性分析

铜洗工段在 11.0MPa 状态下利用醋酸铜氨液在铜液吸收塔内对最后阶段的杂质进一步除杂，通过精炼除去原料气中少量的 CO、CO_2、H_2S 有害气体组分，用来保护合成塔内催化剂的使用安全。

在国家标准中，铜液吸收塔属于特种设备，铜液对吸收塔有腐蚀作用，长期使用有可能会构成泄漏爆炸的危险性。铜液再生系统属常压设备，在使用中若操作不当，将会引发不可估量的设备爆炸事故。再生铜液加热系统，采用蒸汽进行加热，若防护措施不当，存在高温灼烫伤害。员工进行铜液再生设备检修时，倘若没有采取安全措施（如防滑措施），可能引发高处坠落事故，操作人员若未对高处的检修工具按要求放置，当行人路过时，也许会造成物体打击事故。

（七）合成生产过程主要危险、有害性分析

合成工段合成塔是合成氨装置的关键设备，俗称氨合成的“心脏”。合格、适宜比例的 H_2、N_2 气体在合成塔中反应生成氨。合成反应在一定温度压力下（如高压高温）进行，若操作反应过程中处理不当则有可能导致反应塔超压而影响正常生产。若输送途中反应物料不慎泄漏，可能引发爆炸、人员中毒事故。

废热锅炉回收利用合成氨反应热副产蒸汽。废热锅炉属特种设备，且工质特殊，具有超温超压爆炸危险，存在高温灼烫伤危险性。氨蒸发冷凝器利用液氨蒸发吸热，产生-8℃左右低温，存在低温冻伤危险危害。两氨分液位如采用含钴 60 仪表检测指示，则应重视加强放射源管理措施，设置防护屏蔽，尽量远离辐射源，废弃钴 60 应上交给环境保护部门集中专门处置。液氨储罐操作压力高罐存量多，有泄漏、中毒、火灾爆炸危险性，通过与有关标准对照，许多储罐构成重大危险源。

（八）压缩生产过程主要危险、有害性分析

压缩机在合成氨装置起到的设备间动力的关键作用。生产中合格的氢、氮气在该机经七段压缩加压至 24MPa 左右，送入氨合成塔。该设备转速高，在操作进行中会造成大量噪声，给机组造成喘振现象，对机组的损害也较大。另外，压缩阶段中的辅助油系统是比较复杂的且要求较高，当供油不善引发机器零部件的损坏，严重时导致联锁停车。压缩机各段设置的安全阀失灵会导致超压爆炸危险。若误触及高温出口管路可能造成烫伤。电气系统操作不慎，可造成触电事故。

三、设备安全

主要生产装置中的危险、有害因素分析是以设备分类，结合容器内化工物料特性，从生产装置各个工段单元的设备、物料、工艺中的危害因素进行分析。比如，就生产过程中的高温高压、有毒、易燃易爆作业区域的性质、条件及后果进行分析。因此，必须根据化工行业的有关规定和《建筑设计防火规范》，参照同类企业情况，从工艺流程和设备分类着手进行分析。

从主要装置危险、有害物质特性及其可能发生的事故性质来看，合成氨生产工艺流程的各个阶段中所产生的中间产品中，大部分都存在易燃、易爆和毒性危害，主要过程又在一定的温度和压力状态下进行。显而易见，各个生产单元的生产过程存在火灾、爆炸、毒性泄漏的危险性。

此外，高温、高压可加速设备金属材料发生蠕变、改变金相组织，还会加剧氢气、氮气对钢材的氢蚀及渗氮，加剧设备的疲劳腐蚀，使其机械强度减弱，引发物理爆炸。曾经发生过一起氮氢混合气循环压缩机活塞杆断裂事故。浙江某化肥厂发生的 2 号氮氢循环机活塞杆突然断裂导致爆炸。断裂发生后，有大量高压循环气冲出，同时机组伴随发生强烈撞击和振动。操作人员见此情景立即采取了紧急停机处理，连续按了五次停机按钮，飞轮仍在继续旋转。室内氨气令人窒息。操作人员被迫退到室外换气，此时阀门尚未关闭，合成车间厂房内发生空间爆炸，同时起火。强烈的气浪震塌了面积为 $319m^2$ 的厂房，将离事故点 30m 远的房屋门窗玻璃震碎，造成 5 人受伤，其中 2 人伤势较重。分析事故的原因：活塞杆累计运行时间已达 3 年。断口是典型氢腐蚀和循环载荷共同作用下形成的。分析其中氢的来源，主要来自：①混合气体中含有的氢；②镀铬引进的氢。氢不断对活塞杆进行腐蚀，在载荷的作用下活塞杆出现裂纹，氢进入裂纹后，会使裂纹不断扩展。针对该事故可以采取的安全措施主要有：①定期检修，如果能够定期检修发现裂纹后及时更换，可以避免这起事故；②从工艺和选材上避免氢腐蚀，如采用抗氢钢做活塞杆；③厂房在设计之初或改造过程中应该考虑防爆、防火措施并且要有必要的紧急泄压措施等。

四、控制安全

对合成氨过程而言，基本上都是采取自动化控制。自动化控制大大减轻了劳动力和劳动强度，有利于过程装置的安全运行。但是如果操作失误，或者控制仪表损坏、线路出问题等有可能会造成更大的危险。

下面主要从两方面来分析安全控制问题，一个是控制系统的安全设计问题，一个是在某个点没有监控所造成的安全问题。

（一）控制系统的安全设计

如果对工艺过程认识不足或者其他原因，导致自动化控制安全设计没有充分考虑可能发生的危险，这样就会由于安全设计不好而发生危险。例如，对液氨蒸发器来说，有以下两套安全设计方案。

液氨蒸发器的原理：蒸发器本身作为一个换热设备，利用液氨的汽化需要吸收大量的热量来冷却流经管内的被冷却物料。生产上，往往要求被冷却物料的出口温度稳定，这样就构成以被冷却物料出口温度为被控变量，以液氨流量为操纵变量的控制方案，通过改变传热面积来调节传热量的方式。液位高度间接反映了传热面积变化，这是一个单输入（液氨流量）两输出（温度、液位）的简单控制系统。

但是如果有意外情况发生，就满足不了安全生产的要求了。如杂质油漏入被冷却物料管线，使传热系数猛降，这时须增加传热面积，但传热面积会达到极限。这时如果继续增加液氨量，并不会提高传热量，但液位继续提高，会带来生产事故。原因是氨需要回收，氨气将进入压缩机，如果混杂液氨，将损坏压缩机的叶片。在原控温基础上，增加防液位超限的控制系统。在正常工况下，温度控制；非正常工况下，液位达到高限，出口温度仍偏高（成为次要因素），须启动液位控制器以保护压缩机。

（二）增加控制点

如果在某个设备或某个工段的某一点没有设置监测点，结果这个位置发生了异常，操作人员无法发现，同样会造成事故。

曾经发生过一起压缩机第三段内气体温度意外升高引起事故。该段内气体温度的升高使得整个设备发生剧烈喘振，造成第三段气缸的浮动环密封遭到破坏，泄漏出来的气体使压缩机的主轴，叶轮严重变形。

如果在该压缩机上设计安装若干个与信号系统和联锁装置相连接的各种信号发送器。一旦发生异常，信号就会传输到控制中心的大屏幕上，操作人员就可以及时发现并处理。如果操作人员来不及处理，可以通过联锁装置发出设备停车动作，这样就可以防止整个装置遭到破坏，从而减少事故损失。

对合成氨工艺重点监控工艺参数有合成塔、压缩机、氨储存系统的运行基本控制参数，包括温度、压力、液位、物料流量及比例等。安全控制的基本要求有：合成氨装置温度、压力报警和联锁；物料比例控制和联锁；压缩机的温度、入口处分离器液位、压力报警联锁；紧急冷却系统；紧急切断系统；安全泄放系统；可燃、有毒气体检测报警装置。宜采用的控制方式有：将合成氨装置内温度、压力与物料流量、冷却系统形成联锁关系；

将压缩机温度、压力、入口处分离器液位与供电系统形成联锁关系；紧急停车系统。合成单元自动控制还需要设置以下几个控制回路：①氨分、冷交液位；②废锅液位；③循环量控制；④废锅蒸汽流量；⑤废锅蒸汽压力。安全设施，包括安全阀、爆破片、紧急放空阀、液位计、单向阀及紧急切断装置等。

五、系统安全

对任何工艺过程而言，装置生产的安全稳定运行，需要系统内各个元素都正常运行。如果某个地方出现异常，往往需要运用系统分析的方法来进行分析，一个小的参数变化就会引起整个系统的危险。当某个装置的某个指标如温度超限了。要用系统的观点进行分析。以合成塔为例，如果塔的操作温度过高，这时候要查找原因，造成合成塔温度过高的可能原因有介质流速、催化剂活性、入口处气体温度、仪表等。它们都有可能影响操作温度。

通过这五方面的分析，可以发现中压合成氨工艺的危险性因素很多。当然，本书仅仅是从这几方面给出一个危险性分析的方法，以便把众多的危险因素分类。如果想得到更详尽的危险性分析，还可以通过系统安全的分析方法进一步分析。

第五节　系统安全分析方法在合成氨工艺中的应用

国际上常用的安全分析评价方法有安全检查表（SCL）、如果……怎么样（What if）、故障模式及影响分析（FMEA）、危险与可操作性研究（HAZOP）、保护层分析（LOPA）、事件树（ETA）、事故树（FTA）、道化学公司火灾爆炸危险指数、蒙德火灾爆炸毒性指数等。本节选取三种方法（道化学公司火灾爆炸危险指数、危险与可操作性研究、保护层分析），将其在合成氨工艺中进行应用。

一、道化学火灾爆炸危险指数法

（一）道化学火灾、爆炸危险指数法的适用性分析

1. 合成氨生产工艺流程

某化肥厂采用天然气做原料进行氨的合成。合成氨生产包括转化工序、变换工序、脱碳工序、合成氨工序和辅助工序五个部分。

2. 转化工序的工艺过程

下面选取转化工序进行道化学火灾、爆炸危险指数评价。该转化单元主要采用天然气（主要成分为甲烷）饱和增湿工艺，将工艺冷凝液中的 NH_3、甲醇等杂质气提至原料天然气中，并使天然气增湿；经压缩机加压，在一段炉对流段低温段加热至230℃后与氢混合气进入Co-Mo氧化锌脱硫槽脱硫；然后在一段转化炉和二段转化炉中进行一段转化和二段转化。

一段转化：原料气与中压水蒸气混合后，经对流混合气盘管加热后，进入一段触媒反应管进行蒸汽转化，气体中残余甲烷为10%。

主要反应为：

$$CH_4 + H_2O \rightarrow CO + 3H_2 \quad (6-5)$$

$$CO + H_2O \rightarrow CO_2 + H_2 \quad (6-6)$$

二段转化：一段转化气进入二段，同时送入工艺空气并经对流段预热管预热，转化气中的 H_2 燃烧产生的热量供给转化气中的甲烷在二段触媒床中进一步转化，使得工艺气中甲烷含量为0.5%，经废热锅炉回收余热后，进入变换。

主要反应为：

$$2H_2 + O_2 \rightarrow 2H_2O \quad (6-7)$$

$$CH_4 + H_2O \rightarrow CO + 3H_2 \quad (6-8)$$

$$CO + H_2O \rightarrow CO_2 + H_2 \quad (6-9)$$

3. 道化学火灾、爆炸危险指数评价法的适用性分析

转化工序的原料为天然气。装置中主要成分是由低分子量烷烃组成的混合物，初始时甲烷含量达到96%；经过反应后达到平衡时的主要成分为：H_2 占58.08%，甲烷占0.5%，CO占12%~14%。这三种物质与空气的混合物易发生着火爆炸，均属危险物质，在生产中易发生火灾、爆炸事故，且其数量也超过了道化学方法规定的危险物质数量的下限（$0.454m^3$）。此外，转化工序与其他工序罐器、塔器相对独立，只是管线、换热等部分相互联系，从空间布置上可以划分为独立的评价单元。因此，用道化学火灾、爆炸危险指数评价方法评价合成氨的转化工序单元是合适的。

（二）转化单元道化学方法评价过程

（1）确定物质系数

在火灾、爆炸指数计算和危险性评价过程中，物质系数（WF）是最基础的数值，也是表述由燃烧或化学反应引起的火灾、爆炸过程中潜在能量释放的尺度。数值范围为1~

40，数值大时表示危险性高。物质系数由两个因素确定，首先是物质本身所固有的物质系数，另一个是考虑该物质所处的反应温度，依据其对固有物质系数进行修正。

由于评价工艺单元中的危险物质是混合物，且反应产物存留在该工艺单元内，所以物质系数应根据初始混合状态来确定。根据道化学评价法中物质系数的确定原则：混合溶剂或含有反应性物质溶剂的物质系数，可通过反应性化学试验数据求得。无法取得时，应取组分中最大的作为混合物 A/F 的近似值（最大组分浓度≥5%）。对转化工序中存在的危险物质，CH_4 是转化工序中关键流程（一段转化和二段转化）中参与反应的最关键危险物质，其组分浓度远远超过原则规定值，危险最大，是决定转化工序危险性大小的关键物质，因此将 CH_4 确定为此工艺单元的决定物质，进而确定工艺单元内混合气体的物质系数。

（2）确定工艺单元危险系数（F_3）

工艺单元危险系数值是由一般工艺危险系数（F_1）与特殊工艺危险系数（F_2）相乘求出的，即 $F_3=F_1\times F_2$。

F_1=基本系数+所有一般工艺危险系数之和

其中基本系数为 1.00，其他六方面分别为放热化学反应、吸热反应、物料处理与输送、封闭或室内单元、通道、排放和泄漏控制，取值依据单元内的实际情况并依据值标准进行量化。

F_2=基本系数+所有选取的特殊工艺危险系数之和

其中基本系数为 1.00，特殊工艺危险系数分别为“毒性物质”“负压操作”“燃烧范围或其附近的操作”“粉尘爆炸”“释放压力”“低温”“易燃和不稳定的数量”“腐蚀”“泄漏–连接头和填料处”“明火设备的使用”“热油交换系统”和“转动设备”共 12 项。

工艺单元危险系数（F_3）=一般工艺危险系数（F_1）×特殊工艺危险系数（F_2）

（3）计算 F&EI 及对应初始危险等级

$F\&EI=F_3\times MF=6.536\times 21=137.3$

计算安全措施补偿系数之前，该转化单元 F&EI 值为 137.3，危险等级属于“很大”范畴。

（4）计算安全措施补偿系数 C

安全措施分工艺控制（C_1）、物质隔离（C_2）、防火措施（C_3）三类。

则安全措施补偿系数为

$$C=C_1\times C_2\times C_3=0.71\times 0.96\times 0.80=0.55$$

（5）危害系数（DF）的确定

危害系数（DF）由单元物质系数（MF）和工艺危险系数（F_3）经单元破坏系数计算

图得出，结果为 0.78。

（6）计算暴露半径和暴露区域

暴露半径用 F&EI×0.84 得出（单位为 ft，1ft＝0.3048m）。

暴露半径 137.3×0.84×0.3048＝35m。

暴露区域面积 $S=\pi R^2=3.14\times(35)^2=3847m^2$。

（7）补偿后的火灾、爆炸指数

$$F\&EI'=F\&EI\times C_1/2=137.3\times0.551/2=101.8$$

（8）补偿后实际暴露面积 S'

$$S'=\pi R'^2=\pi\ (F\&EI'\times0.84\times0.3048)=2128m^2$$

（9）最大可能财产损失

假设该影响区域内的财产（装备、设施等的总投资）价值为 4 万元，以此计算出最大可能的财产损失（基本 MPPD）和实际可能的财产损失（实际 MPPD）的表达式，不计算损失的绝对值。

最大可能财产损失（基本 MPPD）：

基本 MPPD＝影响区域价值×单位危害系数×0.82＝A×单元危害系数×0.82＝A×0.78×0.82＝0.644

其中，0.82 是一个不经受损失的成本允许量，如场地、道路等。

实际最大可能的财产损失（实际 MPPD）：

实际 MPPD＝基本 MPPD×C（安全设施补偿系数）＝0.644×0.55＝0.35A

从以上汇总情况可以看出，该单元的初始火灾、爆炸指数为 137.3，危险等级属于“很大”范围，在没有采取任何一种安全措施来降低损失的情况下，如果该单元整体发生火灾爆炸事故，3 847m^2 区域内将有 78%遭到破坏，最大可能的财产损失将达到影响区域内财产总值的 64%，后果很严重；而采取了相应的安全措施以后，该单元实际最大可能财产损失降低到了影响区域内财产总投资的 35%，补偿后火灾、爆炸指数（F&EI'）也降低为 101.8，危险等级属于“中等”范围，比补偿前下降了一个等级，虽然未到“较轻”“最轻”程度，但是由于该单元自身固有的高风险性（物料危险性大、物料量大、工艺较复杂），“中等”的危险等级还是属于可接受的范围。

总之，该单元所采取的工艺控制、物质隔离、防火三类安全措施综合起来可以有效控制火灾、爆炸事故的发生，并减少事故损失。

二、危险与可操作性研究（Hazard and Operability Study，HAZOP）

HAZOP 是一种系统化、结构化的方法，该方法全面、系统地研究系统中每一个元件，其中重要的参数偏离了指定的设计条件所导致的危险和可操作性问题。HAZOP 重点分析由管路和每一个设备操作所引发潜在事故的影响，选择相关的参数，例如流量、温度、压力和时间，然后检查每一个参数偏离设计条件的影响。采用经过挑选的关键词表，例如“大于”“小于”“部分”等，来描述每一个潜在的偏离。最终识出所有的故障原因，得出当前的防护装置和安全措施。所做的评估结论包括非正常原因、不利后果、现有安全措施和所要求的安全防护。

HAZOP 适用范围：既适用于设计阶段，又适用于现有的生产装置。对现有生产装置分析时，如能吸收有操作经验和管理经验的人员共同参加，会收到很好的效果。HAZOP 主要应用于连续的化工过程。在连续过程中管道内物料工艺参数的变化反映了各单元设备的状况，因此，在连续过程中分析的对象确定为管道，通过对管道内物料状态及工艺参数产生偏差的分析，查找系统存在的危险，对所有管道分析之后，整个系统存在的危险也就一目了然。HAZOP 也可用于间隙过程的危险性分析。在间歇过程中，分析的对象将不再是管道，而应该是主体设备，如反应器等。根据间隙生产的特点，分成三个阶段（进料、反应、出料），对反应器加以分析。同时，在这三个阶段内不仅要按照关键词来确定工艺状态及参数可能产生的偏差，还要考虑操作顺序等项因素可能出现的偏差。这样就可对间歇过程做全面、系统的考察。

HAZOP 主要分析步骤如下：

①充分了解分析对象，准备有关资料。

②将分析对象划分为若干单元，在连续过程中单元以管道为主，在间歇过程中单元以设备为主。

③按关键词（引导词），逐一分析每个单元可能产生的偏差。

④分析发生偏差的原因及后果。

⑤制定对策。

⑥将上述分析结果填入表格中。

本节运用 HAZOP 方法，选择某 300kt/a 氨合成系统在详细工程设计阶段对其卡萨利氨合成塔进行 HAZOP 分析，排查安全隐患，提出应对措施。

（一）氨合成系统工艺流程

该合成氨装置采用 2600mm 氨合成塔内件，第一床层装填预还原催化剂 13m^3，第二、三床层共装填氧化态催化剂 52m^3，催化剂粒径 1.5~3.0mm；反应气入塔压力 11.31 MPa（设计压力 12.0MPa），入塔温度 230℃（设计温度 260℃）。

氨合成系统工艺流程：来自合成气压缩机的合成气压力为 11.49MPa、温度为 66℃，经合成塔进料/出料换热器预热到230℃后分成三路进入合成塔。一路约60%的气体通过合成塔壳体和催化剂筐环隙与第一床层出口气体进行换热，以降低合成塔壳体温度和第二床层入口处气体温度，同时自身被加热到385℃；一路约30%的气体与第二床层出口气体进行换热，以降低第三床层入口处气体温度，同时与主气流混合并预热后进入第一床层；一路约10%的气体直接送至合成塔入口。

上述3路气体混合后进入合成塔第一床层（有50%以上的氨于此处合成），第一床层出口气体与冷气换热后依次进入第二、三床层，第三床层出口气温度为442℃、压力为11.06MPa，经工艺蒸汽过热器换热后进入合成废锅副产4.15MPa蒸汽，废锅出口合成气降温到282℃，进入合成塔进料/出料换热器，与压缩机来合成气进行换热，温度降到110℃，然后进入合成塔出口冷却器中冷却到38℃，再经过组合式氨冷器的中心管外侧冷凝，最后通过氨分离器分离得到液氨，液氨再送至减压闪蒸罐，未冷凝的H2、N2则通过组合式氨冷器中心管换热到27℃后送入压缩机循环段。一级闪蒸罐底部的冷氨经液氨泵送到净化工段作为冷源，再从净化工段返回到一级闪蒸罐；冷氨也可经冷氨产品泵送至氨储罐。

（二）氨合成塔HAZOP分析结果

氨合成系统按照功能划分为合成气预热、反应、氨冷却、氨分离四个节点，本节主要运用HAZOP分析方法对本套300 000t/a合成氨装置卡萨利氨合成塔及进出氨合成塔管道进行分析。

基于对氨合成塔的上述HAZOP分析，各专业人员提出适宜的几项安全建议措施。

1. 控制适宜的温度是氨合成塔生产中的首要任务。温度过高，会导致催化剂烧结，钢材高温脱碳及强度降低乃至破裂；温度过低，会导致氨净值降低，催化床层垮温甚至停车。

2. 控制适宜的压力是氨合成塔生产中的第二重要任务。压力过高，会发生氢腐蚀，钢材表面鼓包或出现裂纹，甚至发生爆炸；合成塔进出口压差过大，易导致内件损坏或合成气压缩机超电流。

3. 造成氨合成塔温度与压力或高或低的原因主要有以下三方面：一是氨合成塔局部内件损坏；二是局部或全部催化剂失活；三是氨合成塔进料主副线流量失控。现场人员根据氨合成塔及进出料管线不同部位的温度、压力变化情况和仪表、阀门使用情况，综合分析，应能判断和排查出症结所在，并采取有针对性的措施进行调整或停车检修。

4. 温度、压力、压差报警联锁是氨合成塔安全运行的重要保障。生产过程中要保证氨合成系统的仪表均处于良好运行状态，并对氨合成塔的温度、压力、压差等一定要严密监控，遇到报警时操作人员要能快速、准确地做出判断和处理。

5. 预防惰性气和毒物含量超标；严禁超负荷运行，严禁超温、超压运行；对氨合成塔内件、催化剂及氨合成塔进料/出料管线的仪表、阀门进行定期检查。

三、HAZOP-LOPA 分析方法

HAZOP 分析是一种定性的分析方法，是识别危险场景的有效工具，但对于后果严重或风险高的事故场景，缺乏足够的决策依据。而保护层分析（LOPA，Layers Of Protection Analysis）则是一种半定量的分析方法，可以对 HAZOP 分析出的事故场景进行半定量分析，是 HAZOP 分析的继续和补充。因此，在 HAZOP 分析过程中引入 LOPA 分析，能更加深入地评估风险，提出有效安全措施控制风险。

LOPA 是 2001 年由美国化学工程师协会化工过程安全中心（Center for Chemical Process Safety，CCPS）发布，2003 年 *Functional safety－Safety instrumented systems for the process industry sector—Part3：Guidance for the determination of the required safety integrity levels*（IEC 61511-3）引用，2007 年 GB/T 21109. 3《过程工业领域安全仪表系统的功能安全第 3 部分：确定要求的安全完整性等级的指南》引用。

LOPA 方法是在定性危害分析的基础上，进一步评估保护层的有效性，并进行风险决策的系统方法，其主要目的是确定是否有足够的保护层使风险满足企业的风险可接受标准。LOPA 是一种半定量的风险评估技术，通常使用初始事件频率、后果严重程度和独立保护层（IPL）失效频率的数量级大小来近似表征场景的风险，从而确定现有的安全措施是否合适，是否需要增加新的安全措施。

不过，LOPA 并不是识别危险场景的工具，LOPA 的正确分析取决于 HAZOP 所得出的危险场景的准确性，包括初始事件和相关的安全措施是否正确和全面。

HAZOP-LOPA 技术在液氨罐区的应用示例如下：

某石化公司液氨罐区，主要包括 2 台 $50m^3$ 液氨球罐、1 台 $400m^3$ 液氨球罐、2 台液氨输送泵、2 台液氨蒸发器、1 台氨气缓冲罐、1 台氨压缩机、1 台氨液分离器、1 台氨气吸收罐及烟囱、1 台氨水回炼泵。主要作用是接收和储存硫黄回收装置输送的液氨，另外分别向热电站脱硫脱硝装置输送液氨汽化后的氨气、供汽车槽车充装液氨。液氨或氨气一旦泄漏或失控，容易发生中毒窒息、火灾爆炸等事故。液氨罐区已构成三级重大危险源。

（一）风险矩阵

HAZOP-LOPA 分析中采用 Q/SH 0560-2013《HSE 风险矩阵标准》进行风险等级评估。风险矩阵中后果分为人员伤害、财产损失、环境影响和声誉影响四类，每类后果按照

其严重性从低到高依次分为 A、B、C、D、E 共五个等级。风险矩阵后果发生的可能性采用定性和半定量两种分级形式，按照事故发生频率从低到高依次分为 1、2、3、4、5、6 共六个等级。风险分为严重高风险、高风险、中风险和低风险四个等级，其中高风险和严重高风险是不可接受的风险，中风险是允许的风险，低风险是可接受的风险。

（二）HAZOP-LOPA 分析过程

成立由主席、记录员和工艺、设备、仪表、安全、操作等专业人员组成的分析小组，制订分析计划，准备有关资料。分析前，对小组成员进行 HAZOP、LOPA 方法和风险矩阵标准培训，统一认识。召开分析会议，按照 HAZOP 分析步骤对每个节点和每个偏差进行分析，对 HAZOP 分析出的高风险、严重高风险场景进行 LOPA 分析，最后形成分析报告。

（三）HAZOP-LOPA 分析结果

按工艺流程将液氨罐区划分 3 个节点，分析偏差 62 个，分析事故场景 48 个，其中有 2 个高风险，其余为中风险和低风险。对高风险事故场景进行 LOPA 分析。共提出 8 条建议措施，其中操作与管理类的 3 条，仪表联锁类的 3 条，安全设计类的 2 条。

以场景 1 “液位计 LT1407、LT1408、LT1410 故障，液氨罐 G1407、G1408、G1410 液位上升，压力增大，引起安全阀起跳，氨气进入氨吸收系统，严重时从烟囱外泄，造成人员中毒”为例进行 LOPA 计算如下：

$$f_i^{\text{toxic}} = f_i^{\text{I}} \times \left(\prod_{j=1}^{J} PFD_{ij}\right) \times P_{\text{ex}} \times P_{\text{d}} \tag{6-10}$$

式中f_i^{doxice}——初始事件 i 的后果（中毒）发生频率，a^{-1}；

f_i^{I}——初始事件 i 的发生频率，a^{-1}；

PFD_{ij}——初始事件 i 中第 j 个阻止后果发生的 IPL 的 PFD；

P_{ex}——人员暴露概率；

P_{d}——人员受伤或死亡概率。

场景 1 的后果是造成人员中毒，严重性为 D。在现有保护措施的情况下，场景发生的频率为：0. 1×0. 5×0. 5×0. 1＝0. 002 5，取整后为 0. 002，根据后果等级 D 和频率 0. 002 查 HSE 风险矩阵标准，场景的现有风险等级为 D4，属高风险，因此，需要增加保护措施把场景风险降低到中风险或低风险。小组建议“投用现有 LSHH1410 液位高高联锁切断 HV14101；新增 G1407、G1408 液位高高联锁切断罐进料阀”，此独立保护层的 PFD 为 0. 1，因此，将场景发生的频率由 0. 002 降低至 0. 000 2，根据后果等级 D 和频率 0. 000 2 查 HSE 风险矩阵标准，场景减缓后的风险等级为 D3，属中风险，因此建议措施可以满足要求。如果提出的建议是“增加液位高高联锁切断罐进料，且符合 SIL1”时，此独立保护层的 PFD 为 0.01，因此，可将场景发生的频率由 0.002 降低至 0.000 02，根据后果等级 D 和频率 0.000 02 查 HSE 风险矩阵标准，场景减缓后的风险等级为 D2，属中风险。

由此示例可见，对 HAZOP 分析出的事故场景，运用 LOPA 分析可以定量评估保护措施对风险的降低程度、事故场景现有的风险等级以及增加保护措施后的风险等级。

第七章　应急避险与现场急救

第一节　应急避险措施及方法

一、车辆伤害

（一）伤害及情形

车辆伤害是指本企业机动车辆引起的机械伤害事故。

车辆伤害泛指企业机动车辆（含有轨运输车辆）在行驶中引起的人体坠落和物体倒塌、下落、挤压伤亡事故，不包括起重设备提升、牵引车辆和车辆停驶时发生的事故。

（二）应急处置措施

1. 事故车辆必须立即停车，驾驶员或事故现场人员必须保护好事故现场，交管人员未到场前和未得到其允许前不得挪动车辆。必须移动时，应当标明其所在位置，必要时应有旁证人。同时向项目部现场管理人员报告并同时联系当地交通事故报警中心（122）和医疗急救中心（120）。如有火警，要向消防部门报警（119）。报告内容：事故具体部位、车辆牌号、人员伤亡情况、车况情况及事发时间等。

2. 现场人员同时要在救援人员未到前采取合适方法积极进行自救。自救原则：先救人，后救财物（设备）；先救重伤者，后救轻伤者；先救重要财物，后救其他；有火警时，先救人后灭火。

3. 救援人员接到险情信号，了解相关报告情况后进行相应的对应安排，并组织安排救援所需的车辆、人员赶赴现场协助救援。

4. 如当地医疗急救人员未到时，项目部救援人员应积极进行自救，自救原则同第2条。

5. 现场人员或救援人员应积极配合交管部门做好现场勘察和人员、交通疏散。如有设备救援，采取的措施应符合有关规定。如起吊设备时应遵守《起重作业安全规程》，灭火时应遵守《消防法》。

二、机械伤害

（一）伤害及情形

机械伤害是指机械操作引起的伤害。

机械伤害泛指机械设备与工具引起的夹击、碰撞、剪切、卷入、绞、碾、割、刺等形式的伤害。如材料加工生产时绞、碾；切屑伤人；手或身体被卷入；手或其他部位被刀具碰伤；被转动的机械缠压住等。但属于车辆、起重设备的情况除外。

（二）应急处置措施

1. 当施工人员发生机械伤害事故时，立即断电停机。

2. 报告现场管理人员，说明机械设备的位置、人员伤亡等情况。

3. 观察伤者的受伤情况、部位、伤害性质，不得盲目施救。

三、起重伤害

（一）伤害及情形

起重伤害是指在进行各种起重作业（包括吊运、安装、检修、试验）中发生的重物（包括吊具、吊重或吊臂）坠落、夹挤、物体打击、起重机倾翻、触电等事故。

起重伤害泛指桥式起重机、龙门起重机、门座起重机、搭式起重机、悬臂起重机、桅杆起重机、铁路起重机、汽车吊、电动葫芦、千斤顶等进行作业，如起重作业时，脱钩砸人，钢丝绳断裂抽人，移动吊物撞人，钢丝绳刮人，滑车碰人等伤害；包括起重设备在使用和安装过程中的倾翻事故及提升设备过卷、蹲罐等事故。

（二）应急处置措施

1. 突发险情时处理

（1）暴雨、台风前后，项目部应及时组织各作业队详细检查，提升设备稳固情况，发现结构松动、倾斜、变形、下沉、噪声、漏雨、漏电等现象，及时加固和修理，消除隐患。

（2）重物提升途中如遇突然停电，操作人员应立即切断电源，并向井下发出信号，提醒注意，禁止设备、人员从重物下方通过。同时，操作人员应坚守岗位，等待电源恢复，不允许擅自离岗。

（3）重物下降制动时如发现严重自溜（刹不住车），不必惊慌失措，此时不能断电停车，应一直按着“下降”按钮，按正常下降速度使重物降至地面无人处，然后再进行检修工作。

2. 突发险情后处理

（1）对现场进行警戒，禁止无关人员随意进出。应准确判断事故影响范围，专人对影响区域进行检查，确定抢救方案，救援人员开展抢救。抢险救援队员在经过充分评估确认安全后方可进入现场组织抢险救援。如事故的影响还在继续或加重，抢险救援人员不得进入事故现场；被重物压住或被围困的人员应保持冷静并积极展开自救。

（2）抢救时对压住受伤人员的重量和体积较大的铁件、附件，由吊车平稳吊离；重量和体积较小的物体，至少由两人轻轻抬离，防止对受伤人员的二次伤害。起重吊装事故发生后，往往会伴随着其他事故的发生或造成隐患，通常用挖掘机或钢钎等工具清理悬浮不稳的机具和材料，起重吊装事故通常也会影响到装置设备、管道、电缆电线等，必须对发生的事故进行综合性的处理。

（3）抢险救援中应保持现场秩序和应急状态下设施和物资的安全。

四、触电

（一）伤害情形

触电是指电流流经人体，造成生理伤害的事故。

触电泛指直接或间接接触带电体。如人体接触带电的设备金属外壳，裸露的临时线，漏电的手持电动工具；起重设备误触高压线；触电坠落等事故。

（二）应急处置措施

1. 迅速急救

对于低压触电事故，可采用下列方法使触电者脱离电源：

（1）如果触电地点附近有电源开关，立即切断电源开关。

（2）可用有绝缘手柄的电工钳、干燥木柄的斧头、干燥木把的铁锹等切断电源线。也可采用干燥木板等绝缘物插入触电者身下，以隔离电源。

（3）当电线搭在触电者身上或被压在身下时，也可用干燥的衣服、手套、绳索、木板、木棒等绝缘物为工具，拉开、提高或挑开电线，使触电者脱离电源。切不可直接去拉触电者。

2. **高压触电**

（1）立即通知有关部门停电。

（2）带上绝缘手套，穿上绝缘鞋，用相应电压等级的绝缘工具按顺序拉开开关。

（3）用高压绝缘杆挑开触电者身上的电线。

（4）触电者如果在高空作业时触电，断开电源时，要防止触电者摔下来造成二次伤害。

①如果触电者伤势不重，神志清醒，但有些心慌，四肢麻木，全身无力或者触电者曾一度昏迷，但已清醒过来，应使触电者安静休息，不要走动，严密观察并送医院。

②如果触电者伤势较重，已失去知觉，但心脏跳动和呼吸还存在，应将触电者抬至空气畅通处，解开衣服，让触电者平直仰卧，并用软衣服垫在身下，使其头部比肩稍低，以免妨碍呼吸，如天气寒冷要注意保暖，并迅速送往医院。如果发现触电者呼吸困难，发生痉挛，应立即准备对心脏停止跳动或者呼吸停止后的抢救。

③如果触电者伤势较重，呼吸停止、心脏跳动停止或二者都已停止，应立即进行口对口人工呼吸法及胸外心脏按压法进行抢救，并送往医院。在送往医院的途中，不应停止抢救，许多触电者就是在送往医院途中死亡的。

④人触电后会出现神经麻痹、呼吸中断、心脏停止跳动，呈现昏迷不醒状态，通常都是假死，不应停止抢救。

⑤对于触电者，特别高空坠落的触电者，要特别注意搬运问题，很多触电者，除电伤外还有摔伤，搬运不当，如折断的肋骨扎入心脏等，可造成死亡。

⑥对于假死的触电者，要迅速持久地进行抢救，有不少的触电者是经过四个小时甚至更长时间的抢救而抢救过来的。有经过六个小时的口对口人工呼吸及胸外挤压法抢救而活过来的实例。只有经过医生诊断确定死亡，才能停止抢救。

五、淹溺

（一）伤害及情形

淹溺是指因大量水经口、鼻进入肺内，造成呼吸道阻塞，发生急性缺氧而窒息死亡的事故。它泛指人员进入或误入有水区域等。

（二）应急处置措施

1. 发生溺水事故后，发现人员首先高声呼喊，通知现场负责人，同时采取必要措施对溺水人员进行救护，并向附近医疗机构求助救援。现场负责人立即向项目相关人员报告，并参与救护。

2. 救援人员携带抢救器具赶到现场后，在确保安全情况下迅速对溺水人员开展抢救。

3. 溺水人员经抢救离水后，应立即进行人工呼吸等有效救治措施。

六、灼烫

（一）伤害及情形

灼烫是指强酸、强碱溅到身体引起的灼伤；或因火焰引起的烧伤；高温物体引起的烫伤；放射线引起的皮肤损伤等事故。

灼烫泛指烧伤、烫伤、化学灼伤、放射性皮肤损伤等伤害。不包括电烧伤以及火灾事故引起的烧伤。如现场接触浓硫酸等灼伤，电、气焊接切割，其他各类热加工、开水、高温蒸汽等热源产生的烫伤等。

（二）应急处置措施

1. 伤害发生后，应快速判断现场安全状况，尽可能将伤者撤离转移至安全区域。

2. 尽快通知现场管理人员进行下一步处理。

3. 发生强酸、强碱灼伤的，第一时间采用大量洁净清水进行清洗。发生小面积烧烫伤时立即采取清水、冷敷等降温措施，大面积烧伤的应首先使用清水进行皮肤降温处理，后送医救治。切不可进行胡乱涂抹油膏等处理。

七、火灾

（一）伤害及情形

火灾是指在时间和空间上失去控制的燃烧所造成的灾害。如由于动火管理不当，防水层等易燃材料、房屋、用电线路等发生的火灾。

（二）应急处置措施

1. 一旦着火，发现人要将火灾信息迅速报告现场管理人员，并对周边人员（如隧道其他作业面，临近建筑、宿舍的人员）发出报警信号，同时立即组织扑救初起火灾。

2. 隧道内人员听到火灾警报声响及信号时，应快速向洞口方向撤离，并协助扑灭初起火灾，火灾无法控制时快速向洞口逃离，学会使用防毒口罩、湿毛巾等过滤有毒烟尘呼吸，学会快速通过烟火段等逃生技能（匍匐前行等）。

3. 管理人员接到火灾报警后应立即了解着火、爆炸地点，起火部位，燃烧物品，目前状况。立即确认是否成灾。

4. 确认火灾后发现人立即拨打内部消防应急电话，或有条件的应及时拨打 119、110 等外部报警电话。

5. 熟悉现场火灾逃生通道及消防通道，通道应保持畅通，不得堆放杂物等堵塞。

6. 火场内无关人员应该快速撤离现场，在外围维护现场秩序，为现场灭火创造条件。火场外无关人员不得进入火场内。

八、高处坠落

（一）伤害及情形

高处坠落是指由于危险重力势能差引起的伤害事故，或指进行高处作业时发生坠落引起的伤害。根据《高处作业分级》（GB/T 3608-2008）的规定，凡在坠落高度基准面 2m 以上（含 2m）有可能坠落的高处进行的作业，均称为高处作业。

高处坠落泛指从脚手架、平台、陡壁、高边坡施工等高于地面的坠落，或由地面踏空失足坠入人工挖孔桩、深基坑等洞、坑、沟、升降口、漏斗等情况。但排除以其他类别为诱发条件的坠落。如高处作业时，因触电失足坠落应定为触电事故，不能按高处坠落划分。

（二）应急处置措施

1. 伤害发生后，应快速判断现场安全状况，尽可能将伤者撤离转移至安全区域。

2. 采取呼叫、电话等方式尽快通知现场管理人员。

3. 观察伤者的受伤情况、部位、伤害性质，不得盲目施救。

九、炸药爆炸

（一）定义及情形

指炸药在生产、运输、贮藏的过程中发生的爆炸事故。

泛指炸药生产在配料、运输、贮藏、加工过程中，由于振动、明火、摩擦、静电作用，或因炸药的热分解作用，贮藏时间过长或存药过多发生的化学性爆炸事故。

（二）应急处置措施

1. 发生爆炸事故后，应快速判断现场安全状况，尽可能避开烟尘、着火、坍塌、坑洼等地撤离转移至安全区域。

2. 根据现场情况尽可能进行自救和互救，并立即向现场管理人员报告。

十、锅炉爆炸

（一）定义及情形

锅炉爆炸是指其他原因导致锅炉承压负荷过大造成的瞬间能量释放现象，锅炉缺水、水垢过多、压力过大等情况都会造成锅炉爆炸。

锅炉泛指使用工作压力大于 0.7 表大气压、以水为介质的蒸汽锅炉（以下简称“锅炉”），但不适用于铁路机车、船舶上的锅炉以及列车电站和船舶电站的锅炉。

（二）应急处置措施

1. 设备应急处置要点

（1）发现锅炉严重缺水时应紧急停炉，严禁向锅炉内进水。立即停止供给燃料，停止鼓风减弱引风，将炉排前部煤扒出炉外，将炉排开到最大，使燃烧物快速落入渣斗，用水浇灭，炉火熄灭后，停止引风，开启灰门、炉门促使加速冷却。注意：严禁向锅炉给水；不得采取措施迅速降压，防止事故扩大；不得采取向炉膛浇水灭火的方法熄炉火。

（2）锅炉超压时应迅速减弱燃烧，手动开启安全阀或放空阀，加大给水、加大排污（此时要注意保持锅炉正常水位），降低锅水温度从而降低锅炉汽包压力。

（3）炉管破裂不严重且能保持水位，事故不至于扩大时，可短时间降低负荷运行，严重爆管且水位无法维持，必须紧急停炉。但引风不应停止，还应继续上水降低管壁温度。如因缺水而管壁过热而爆管时，应紧急停炉，严禁向锅炉给水，尽快撤出炉内余火，降低炉膛温度，减少锅炉过热程度。锅炉外汽水管道发生爆破应紧急停炉。

（4）锅炉严重爆炸时要及时抢救有关人员，防止建筑物继续倒塌伤人。

（5）蒸汽锅炉还会产生满水、汽水共腾等事故，应及时采取有效措施给予消除隐患。

2. 现场应急处置措施

（1）在事故险情出现时，应观察确认周围情况，立即避开高温、破裂管道区域并撤离至安全区域。

（2）尽可能展开自救、互救，并及时上报现场情况，请求救援。

（3）撤离过程中要听从指挥、按秩序依次撤离，切勿猛冲乱窜。

（4）在撤离事故现场的途中被蒸汽所围困时，由于蒸汽一般是向上流动，地面上的蒸汽雾相对比较稀薄，因此可争取低姿势行走或匍匐穿过蒸汽。

（5）在确认安全的情况下，及时采取措施，控制锅炉爆炸。

十一、容器爆炸

（一）定义及情形

容器（压力容器的简称）爆炸是指承受压力载荷的密闭装置因容器破裂引起的气体物理性爆炸。这包括容器内盛装的可燃性液化气，在容器破裂后，立即蒸发，与周围的空气混合形成爆炸性气体混合物，遇到火源时产生的化学爆炸，也称容器的二次爆炸。如空压机储气罐、氧气乙炔瓶、煤气罐、二氧化碳气瓶等发生的爆炸。

（二）应急处置措施

1. 设备应急处置要点

（1）发现泄漏时要马上切断进气阀门及泄漏处前端阀门。

（2）发生超压超温时要马上切断进气阀门，对于反应容器停止进料，对于无毒非易燃介质，要打开放空管排气，对于有毒易燃易爆介质要打开放空管，但要将介质通过接管排至安全地点。

（3）属超温引起的超压除采取第 2 条措施外还要通过水喷淋冷却以降温。

（4）容器本体泄漏或第一道阀门泄漏要根据容器、介质的不同研制专用堵漏技术和堵漏工具。

（5）易燃易爆介质泄漏时要对周边明火进行控制，切断电源，严禁一切用电设备运行，防止静电产生。

2. 现场应急处置

（1）在事故险情出现时，应观察确认周围情况，立即避开危险区域撤离至安全区域。

（2）尽可能展开自救、互救，并及时上报现场情况，请求救援。

（3）撤离过程中要听从指挥、按秩序依次撤离，切勿猛冲乱窜。

（4）在确认安全的情况下，及时采取措施，控制压力容器防止爆炸危害扩大。

十二、其他爆炸

（一）定义及情形

凡不属于炸药、锅炉、压力容器、瓦斯爆炸的事故均列为其他爆炸事故。

例如：

1. 可燃性气体与空气混合形成的爆炸，可燃性气体如煤气、乙炔、氢气、液化石油气，在通风不良的条件下形成爆炸性气体混合物，引起的爆炸。

2. 可燃蒸气与空与混合形成的爆炸性气体混合物如汽油挥发气引起的爆炸。

3. 可燃性粉尘如铝粉、镁粉、锌粉、有机玻璃粉、聚乙烯塑料粉、面粉、谷物淀粉、糖粉、煤尘、木粉，以及可燃性纤维，如麻纤维、棉纤维、醋酸纤维、腈纶纤维、涤纶纤维、维纶纤维等与空气混合形成的爆炸性气体混合物引起的爆炸。

4. 间接形成的可燃气体与空气相混合，或者可燃蒸气与空气相混合（如可燃固体、自燃物品，当其受热、水、氧化剂的作用迅速反应，分解出可燃气体或蒸气与空气混合形成爆炸性气体），遇火源爆炸的事故。

例如，炉膛爆炸、钢水包爆炸、亚麻粉尘的爆炸，都属于上述爆炸方面的现象，亦均属于其他爆炸。

（二）应急避险知识

参见其他爆炸以外的爆炸情形。

十三、中毒和窒息

（一）定义及情形

机体过量或大量接触化学毒物，引发组织结构和功能损害、代谢障碍而发生疾病或死亡的现象，称中毒。因外界氧气不足或其他气体过多或者呼吸系统发生障碍而呼吸困难甚至停止呼吸，叫窒息。两种现象并存的称为中毒和窒息事故。

中毒和窒息泛指隧道开挖、桥梁路基基础开挖过程以及盾构密闭区间等可能导致中毒和窒息的情形，不适用于病理变化导致的中毒和窒息的事故，也不适用于慢性中毒的职业病导致的死亡。

隧道爆破作业时产生的烟尘或其他不明气体可引起人员中毒。人工挖孔桩作业中产生有毒有害气体时就容易发生中毒和窒息事故。深基坑作业，容易因缺氧导致窒息伤害以及特种焊工过程中容易出现有毒气体、物质等造成作业人员中毒。

（二）应急处置措施

1. 在事故险情出现时，应观察确认周围情况，立即避开危险区域撤离至安全区域。

2. 尽可能展开自救、互救，并及时上报现场情况，请求救援。

3. 撤离过程中要听从指挥，按秩序依次撤离，切勿猛冲乱窜。

4. 中毒人员应立即被送往医院救治。

5. 对窒息人员应及时将其转移至通风良好场所，进行人工呼吸等救助措施，并等待医疗救助。

6. 发生中毒和窒息事故后，要加强通风，稀释现场有毒有害气体含量。

7. 发生中毒事故后，现场撤离人员可采用打湿毛巾、衣物等掩住口鼻，快速撤离。

第二节　现场急救措施及方法

一、危险化学品事故应急救援演习

（一）应急演习类别

应急演习是指来自多个机构、组织或群体的人员针对假设事件，履行实际紧急事件发生时各自职责和任务的排练活动。应急演习可采用包括桌面演习、功能演习和全面演习在内的多种演习类型。

1. 桌面演习

桌面演习是指由应急组织的代表或关键岗位人员参加的，按照应急预案及其标准运作程序讨论紧急情况时应采取行动的演习活动。桌面演习的主要特点是对演习场景进行口头演习，一般是在会议室内举行非正式的活动，主要作用是在没有时间压力的情况下，演习人员检查和解决应急预案中问题的同时，获得一些建设性的讨论结果。主要目的是在友好、较小压力的情况下，锻炼演习人员解决问题的能力，以及解决应急组织相互协作和职责划分的问题。

桌面演习只须展示有限的应急响应和内部协调活动，应急响应人员主要来自本地应急组织，事后一般采取口头评论形式收集演习人员的建议，并提交一份简短的书面报告，总结演习活动和提出有关改进应急响应工作的建议。桌面演习方法成本较低，主要用于为功能演习和全面演习做准备。

2. 功能演习

功能演习是针对某项应急响应功能或其中某些应急响应活动举行的演习活动。功能演习一般在应急指挥中心举行，并可同时开展现场演习，调用有限的应急设备，主要目的是针对应急响应功能，检验应急响应人员及应急管理体系的策划和响应能力。功能演习比桌面演习规模要大，须动员更多的应急响应人员和组织，必要时，还可要求上级应急响应机构的参与演习方案过程，为演习方案设计、协调和评估工作提供技术支持，因而协调工作的难度也随着更多应急响应组织的参与而增大。

3. 全面演习

全面演习针对应急预案中全部或大部分应急响应功能，是检验、评价应急组织应急运行能力的演习活动。全面演习一般要求持续几个小时，采取交互式方式进行，演习过程要求尽量真实，调用更多的应急响应人员和资源，并开展人员、设备及其他资源的实战性演习，以展示相互协调的应急响应能力。

与功能演习类似，全面演习也少不了负责应急运行、协调和政策拟定人员的参与，以及上级应急组织人员在演习方案设计、协调和评估工作中提供的技术支持，但全面演习过程中，这些人员或组织的演示范围要比功能演习更广。

三种演习类型的最大差别在于演习的复杂程度和规模，所需评价人员的数量与实际演习、演习规模、地方资源等状况。无论选择何种应急演习方法，应急演习方案必须适应辖区重大事故应急管理的需求和资源条件。

（二）演习目的与要求

1. 目的

应急演习的目的是评估应急预案的各部分或整体是否能有效地付诸实施，验证应急预案可能出现的各种紧急情况的适应性，找出应急准备工作中可能需要改善的地方，确保建立和保持可靠的通信渠道及应急人员的协同性，确保所有应急组织熟悉并能够履行他们的职责，找出需要改善的潜在问题。应急演习作用如下：

（1）在事故发生前暴露预案和程序的缺点。

（2）辨识出缺乏的资源（包括人力和设备）。

（3）改善各种反应人员、部门和机构之间的协调水平。

（4）在企业应急管理的能力方面获得大众认可和信心。

（5）增强应急反应人员的熟练性和信心。

（6）明确每个人各自岗位和职责。

（7）努力增加企业应急预案与政府、社区应急预案之间的合作与协调。

（8）提高整体应急反应能力。

2. 要求

应急演习类型有多种，不同类型的应急演习虽有不同特点，但在策划演习内容、演习场景、演习频次、演习评价方法等方面的共同性要求包括如下内容：

（1）应急演习必须遵守相关法律、法规、标准和应急预案规定。

（2）领导重视、科学计划。

（3）结合实际、突出重点。

（4）周密组织、统一指挥。

（5）由浅入深、分步实施。

（6）讲究实效、注重质量。

（7）应急演习原则上应避免惊动公众，如必须卷入有限数量的公众，则应在公众教育得到普及、条件比较成熟的时机进行。

二、发生危险化学品火灾事故的现场处置

危险化学品容易发生着火、爆炸事故，不同的危险化学品在不同的情况下发生火灾时，其扑救方法差异很大，若处置不当，不仅不能有效地扑灭火灾，反而会使险情进一步扩大，造成财产损失。由于危险化学品本身及其燃烧产物大多具有较强的毒害性和腐蚀性，极易造成人员中毒、灼伤等伤亡事故。因此，扑救危险化学品火灾是一项极其重要又非常艰巨和危险的工作。

（一）扑救危险化学品火灾总的要求

1. 先控制，后消灭。针对危险化学品火灾的火势发展蔓延快和燃烧面积大的特点，积极采取统一指挥、以快制快；堵截火势，防止蔓延；重点突破，排除险情；分割包围，速战速决的灭火战术。

2. 扑救人员应占领上风或侧风阵地。

3. 进行危情侦察、火灾扑救、火场疏散的人员应有针对性地采取自我防护措施，如佩戴防护面具，穿戴专用防护服等。

4. 应迅速查明燃烧范围、燃烧物品及其周围物品的品名和主要危险特性、火势蔓延的主要途径。

5. 正确选择最适应的灭火剂和灭火方法。火势较大时，应先堵截火势蔓延，控制燃

烧范围，然后逐步扑灭。

6. 对有可能发生爆炸、爆裂、喷溅等特别危险须紧急撤退的情况，应按照统一的撤退信号和撤退方法及时撤退。撤退信号应格外醒目，能使现场所有人员都看到或听到，并应经常预先演练。

7. 大火扑灭后，起火单位应当保护现场，接受事故调查，协助公安消防监督部门和上级安全管理部门调查火灾原因，核定火灾损失，查明火灾责任，未经公安监督部门和上级安全监督管理部门的同意，不得擅自清理火灾现场。

（二）爆炸物品火灾的现场处置

爆炸物品一般都有专门的储存仓库。这类物品由于内部结构含有爆炸性基团，受摩擦、撞击、震动、高温等外界因素诱发，极易发生爆炸，遇明火则更危险。发生爆炸物品火灾时，一般应采取以下方法：

1. 迅速判断和查明再次发生爆炸的可能性和危险性，紧紧抓住爆炸后和再次发生爆炸之前的有利时机，采取一切可能的措施，全力制止再次爆炸的发生。

2. 不能用沙土盖压，以免增强爆炸物品爆炸时的威力。

3. 如果有疏散可能，人身安全上确有可靠保障，应迅即组织力量及时疏散着火区域周围的爆炸物品，使着火区周围形成一个隔离带。

4. 扑救爆炸物品堆垛时，水流应采用吊射，避免强力水流直接冲击堆垛，以免堆垛倒塌引起再次爆炸。

5. 灭火人员应积极采取自我保护措施，尽量利用现场的地形、地物作为掩蔽体或尽量采用卧姿等低姿射水；消防车辆不要停靠在离爆炸物品太近的水源。

6. 灭火人员发现有发生再次爆炸的危险时，应立即向现场指挥报告，现场指挥应迅即做出准确判断，确有发生再次爆炸征兆或危险时，应立即下达撤退命令。灭火人员看到或听到撤退信号后，应迅速撤至安全地带，来不及撤退时，应就地卧倒。

（三）压缩气体和液化气体火灾的现场处置

压缩气体和液化气体总是被储存在不同的容器内，或通过管道输送。其中储存在较小钢瓶内的气体压力较高，受热或受火焰熏烤容易发生爆裂。气体泄漏后遇着火源已形成稳定燃烧时，其发生爆炸或再次爆炸的危险性与可燃气体泄漏未燃时相比要小得多。遇压缩或液化气体火灾一般应采取以下方法：

1. 扑救气体火灾切忌盲目灭火，即使在扑救周围火势以及冷却过程中不小心把泄漏处的火焰扑灭了，在没有采取堵漏措施的情况下，也必须立即用长点火棒将火点燃，使其恢复稳定燃烧。否则，大量可燃气体泄漏出来与空气混合，遇着火源就会发生爆炸，后果将不堪设想。

2. 首先应扑灭外围被火源引燃的可燃物火势，切断火势蔓延途径，控制燃烧范围，并积极抢救受伤和被困人员。

3. 如果火势中有压力容器或有受到火焰辐射热威胁的压力容器，能疏散的应尽量在水枪的掩护下将其疏散到安全地带，不能疏散的应部署足够的水枪进行冷却保护。为防止容器爆裂伤人，进行冷却的人员应尽量采用低姿射水或利用现场坚实的掩蔽体防护。对卧式贮罐，冷却人员应选择贮罐四侧角作为射水阵地。

4. 如果是输气管道泄漏着火，应首先设法找到气源阀门。阀门完好时，只要关闭气体阀门，火势就会自动熄灭。

5. 贮罐或管道泄漏关阀无效时，应根据火势大小判断气体压力和泄漏口的大小及其形状，准备好相应的堵漏材料（如软木塞、橡皮塞、气囊塞、黏合剂、弯管工具等）。

6. 堵漏工作准备就绪后，即可用水扑救火势，也可用干粉、二氧化碳灭火，但仍须用水冷却烧烫的罐或管壁。火扑灭后，应立即用堵漏材料堵漏，同时用雾状水稀释和驱散泄漏出来的气体。

7. 一般情况下完成了堵漏也就完成了灭火工作，但有时一次堵漏不一定能成功，如果一次堵漏失败，再次堵漏需一定时间，应立即用长点火棒将泄漏处点燃，使其恢复燃烧，以防止较长时间泄漏出来的大量可燃气体与空气混合后形成爆炸性混合物，从而潜伏发生爆炸的危险，并准备再次灭火堵漏。

8. 如果确认泄漏口很大，根本无法堵漏，只须冷却着火容器及其周围容器和可燃物品，控制着火范围，直到燃气燃尽，火势自动熄灭。

9. 现场指挥应密切注意各种危险征兆，遇有火势熄灭后较长时间未能恢复稳定燃烧或受热辐射的容器安全阀出现火焰变亮耀眼、尖叫、晃动等爆裂征兆时，指挥员必须适时做出准确判断，及时下达撤退命令，现场人员看到或听到事故规定的撤退信号后，应迅速撤退至安全地带。

10. 气体贮罐或管道阀门处泄漏着火时，先关闭阀门，再酌情扑灭火势。一旦发现关闭已无效，一时又无法堵漏时，应迅即点燃，恢复稳定燃烧。

（四）易燃液体火灾的现场处置

易燃液体通常也是贮存在容器内或用管道输送的。与气体不同的是，液体容器有的密闭，有的敞开，一般都是常压，只有反应锅（炉、釜）及输送管道内的液体压力较高。液体不管是否着火，如果发生泄漏或溢出，都将顺着地面流淌或水面漂动，而且，易燃液体还有比重和水溶性等涉及能否用水和普通泡沫扑救的问题以及沸溢和喷溅问题，因此，扑救易燃液体火灾往往也是一场艰难的战斗。遇易燃液体火灾，一般应采取以下方法：

1. 首先应切断火势蔓延的途径，冷却和疏散受火势威胁的密闭容器和可燃物，控制燃烧范围，并积极抢救受伤和被困人员。如有液体流淌时，应筑堤（或用围油栏）拦截漂动流淌的易燃液体或挖沟导流。

2. 及时了解和掌握着火液体的品名、比重、水溶性以及有无毒害、腐蚀、沸溢、喷溅等危险性，以便采取相应的灭火和防护措施。

3. 对较大的贮罐或流淌火灾，应准确判断着火面积。

小面积（一般 $50m^2$ 以内）液体火灾，一般可用雾状水扑灭。用泡沫、干粉、二氧化碳灭火一般更有效。

大面积液体火灾则必须根据其相对密度（比重）、水溶性和燃烧面积大小，选择正确的灭火剂扑救。

比水轻又不溶于水的液体（如汽油、苯等），用直流水、雾状水灭火往往无效。可用普通蛋白泡沫或轻水泡沫扑灭。用干粉扑救时灭火效果要视燃烧面积大小和燃烧条件而定，最好同时用水冷却罐壁。

比水重又不溶于水的液体（如二硫化碳）起火时可用水扑救。水能覆盖在液面上灭火。用泡沫也有效。用干粉扑救，灭火效果要视燃烧面积大小和燃烧条件而定。最好用水冷却罐壁，降低燃烧强度。

具有水溶性的液体（如醇类、酮类等），虽然从理论上讲能用水稀释扑救，但用此法要使液体闪点消失。水必须在溶液中占很大的比例，这不仅需要大量的水，也容易使液体溢出流淌，而普通泡沫又会受到水溶性液体的破坏（如果普通泡沫强度加大，可以减弱火势），因此，最好用抗溶性泡沫扑救，用干粉扑救时，灭火效果要视燃烧面积大小和燃烧条件而定，也需要用水冷却罐壁，降低燃烧强度。

4. 扑救毒害性、腐蚀性或燃烧产物毒害性较强的易燃液体火灾，扑救人员必须佩戴防护面具，采取防护措施。

5. 扑救原油和重油等具有沸溢和喷溅危险液体火灾，必须注意计算可能发生沸溢、喷溅的时间和观察是否有沸溢、喷溅的征兆。指挥员发现危险征兆时应迅即做出准确判断，及时下达撤通命令，避免造成人员伤亡和装备损失。扑救人员看到或听到统一撤退信号后，应立即撤至安全地带。

6. 遇易燃液体管道或贮罐泄漏着火，在切断蔓延方向，把火势限制在一定范围内的同时，对输送管道应设法找到并关闭进、出口阀门，如果管道阀门已损坏或者贮罐泄漏，应迅速准备好堵漏材料，然后先用泡沫、干粉、二氧化碳或雾状水等扑灭地上的流淌火焰，为堵漏扫清障碍，其次再扑灭泄漏口的火焰，并迅速采取堵漏措施。与气体堵漏不同的是，液体一次堵漏失败，可连续堵几次，只要用泡沫覆盖地面，并阻止液体流淌和控制好周围着火源，不必点燃泄漏口的液体。

（五）易燃固体、自燃物品火灾的现场处置

易燃固体、自燃物品一般都可用水和泡沫扑救，相对其他种类的危险化学品而言是比较容易扑救的，只要控制住燃烧范围，逐步扑灭即可。但也有少数易燃固体、自燃物品的扑救方法比较特殊，如2，4-二硝基苯甲醚、二硝基萘、萘、黄磷等。

1. 2，4-二硝基苯甲醚、二硝基萘、萘等是能升华的易燃固体，受热发出易燃蒸气。火灾时可用雾状水、泡沫补救并切断火势蔓延途径，但应注意，不能以为明火焰扑灭即已完成灭火工作，因为受热以后升华的易燃蒸气能在不知不觉中飘逸，在上层与空气能形成爆炸混合物，尤其是在室内，易发生爆燃。因此，扑救这类物品火灾千万不能被假象所迷惑。在扑救过程中应不时向燃烧区域上空及周围喷射雾状水，并用水扑灭燃烧区域及周围的一切火源。

2. 黄磷的自燃点很低，是在空气中能很快氧化升温并自燃的自燃物品。遇黄磷火灾事故，首先应切断火势蔓延途径，控制燃烧范围。对着火的黄磷应用低压水或雾状水扑救。高压直流水冲击会引起黄磷飞溅，导致灾害扩大，黄磷熔融液体流淌时应用泥土、沙袋等筑梯拦截并用雾状水冷却，对磷块和冷却后已固化的黄磷，应用钳子钳入水容器中。若来不及可先用沙土掩盖，但应做好标记，等火势扑灭后，再逐步集中到储水容器中。

3. 有些易燃固体和自燃物不能用水泡沫扑救，如三硫化二磷、铝粉、烷基铅、保险粉等，应根据具体情况区别处理。宜选用干沙以及不用压力喷射的干粉扑救。

三、人身中毒事故的急救处理

（一）人身中毒的途径

在危险化学品的储存、运输、装卸等操作过程中，毒物主要经呼吸道和皮肤进入人体，经消化道者较少。

1. 呼吸道

整个呼吸道都能吸收毒物，尤以肺泡的吸收能量最大。肺泡的总面积达55～120m^2，而且肺泡壁很薄，表面为含碳酸的液体所湿润，又有丰富的微血管，所以毒物经吸收后可直接进入大循环而不经肝脏解毒。

2. 皮肤

在运输装卸搬倒商品等操作过程中，毒物能通过皮肤吸收，毒物经皮肤吸收的数量和速度，除与其脂溶性、水溶性、浓度等有关外，皮肤温度升高，出汗增多，也能促使黏附于皮肤上的毒物吸收。

3. 消化道

操作中，毒物经消化道进入人体内的机会较少，若有，主要是由于手被毒物污染未彻底清洗而取食物，或将食物、餐具放在车间内被污染，或误服等。

（二）人身中毒的主要临床表现

1. 神经系统

慢性中毒早期常见神经衰弱综合征和精神症状，多属功能性改变，脱离毒物接触后可逐渐恢复，常见于砷、铅等中毒。锰中毒和一氧化碳中毒后可出现震颤。重症中毒时刻发生中毒性脑病和脑水肿。

2. 呼吸系统

一次大量吸入某些气体可突然引起窒息。长期吸入刺激性气体能引起慢性呼吸道炎症，出现鼻炎、鼻中隔穿孔、咽炎、喉炎、气管炎等。吸入大量刺激性气体可引起严重的化学性肺水肿和化学性肺炎。某些毒物可导致哮喘发作，如二异氰酸甲苯脂。

3. 血液系统

许多毒物能对血液系统造成损害，表现为贫血、出血、溶血等。如铅可造成色素性贫血；苯可造成白细胞和血小板减少，甚至全血减少，成为再生障碍性贫血，苯还可导致白血病；砷化氢可引起急性溶血；亚硝酸盐及苯的氨基、硝基化合物可引起高铁血红蛋白症；一氧化碳可导致组织缺氧。

4. 消化系统

毒物所致消化系统症状多种多样。汞盐、三氧化二砷经急性中毒可出现胃肠炎，铅及铊中毒出现腹绞痛，四氧化碳、三硝基甲苯可引起急性或慢性肝病。

5. 中毒性肾病

汞、镉、铀、铅、四氯化碳、砷化氢等可引起肾损害。此外，生产性毒物还可引起皮肤、眼损害，骨骼病变及烟尘热等。

（三）急性中毒的现场急救处理

发生急性中毒事故，应立即将中毒者及时送医院急救。护送者要向院方提供引起中毒的原因、毒物名称等，如化学物不明，则须带该物料及呕吐物的样品，以供医院及时检测。

如不能立即到达医院时，可采取以下急性中毒的现场急救处理：

1. 吸入中毒者，应迅速脱离中毒现场，向上风向转移至空气新鲜处。松开中毒者衣领和裤带，并注意保暖。

2. 化学毒物沾染皮肤时，应迅速脱去污染的衣服、鞋袜等，用大量流动清水冲洗15~30min。头面部受污染时，首先注意眼睛的清洗。

3. 口服中毒者，如为腐蚀性物质，应立即用催吐方法，使毒物吐出来。现场可用自己的中指、食指刺激咽部、压舌根的方法催吐，也可以由旁人用羽毛或筷子一端扎上棉花刺激咽部催吐。催吐时尽量低头、身体向前弯曲，这样呕吐物不会呛入肺部。误服强酸、强碱，催吐后反而使食道、咽喉再次受到严重损伤的，可服牛奶、蛋清等。另外，对失去直觉者，呕吐物会误吸入肺；石油类物品被误喝，易流入肺部引起肺炎。有抽搐、呼吸困难、神志不清或吸气时有吼声者均不能催吐。

对中毒引起呼吸、心跳停者，应进行心肺复苏术，主要的方法有口对口人工呼吸和胸外心脏压缩术。

参加救护者，必须做好个人防护，进入中毒现场必须戴防毒面具或供氧式防毒面具。如时间短，对于水溶性毒物，如常见的氯、氨、硫化氢等，可暂时用浸湿的毛巾捂住口鼻等。在抢救病人的同时，应想方设法阻断毒物泄漏处，组织蔓延扩散。

四、危险化学品烧伤的现场抢救

危险化学品具有易燃、易爆、腐蚀、有毒等特点，在生产、运输、使用过程中容易发生燃烧、爆炸等事故。有的化学物质具有化学刺激或腐蚀性，造成皮肤、眼的烧伤；有的化学物质还可以从创面被吸收甚至引起全身中毒。所以对化学烧伤比开水烫伤或火焰烧伤更要重视。

（一）化学性皮肤烧伤

化学性皮肤烧伤的现场处理方法是，立即移离现场，迅速脱去被化学玷污的衣裤、鞋袜等，并做以下处理：

1. 无论酸碱或其他化学物烧伤，立即用大量流动自来水或冲洗创面15~30min。

2. 新鲜创面上不要任意涂上油膏或红药水，不要用脏布包裹。

3. 黄磷烧伤时应用大量水冲洗、浸泡或用多层湿布覆盖创面。

4. 烧伤病人应及时送医院。

5. 烧伤的同时，往往合并骨折、出血等外伤，在现场也应及时处理。

（二）化学性眼烧伤

1. 迅速在现场用流动清水冲洗，千万不要未经冲洗处理而急于送医院。

2. 冲洗时眼皮一定要掰开。

3. 如无冲洗设备，也可把头部埋入清洁盆水中，把眼皮掰开，眼球来回转动洗涮。

4. 电石、生石灰（氧化钙）颗粒溅入眼内时，应先用蘸液状石蜡或植物油的棉签去除颗粒后，再用水冲洗。

五、常用的急救方法

在企业生产过程中，难免会出现一些意外情况，只要救护及时、得力，就会将损失降到最低。下面介绍几种自救方法。当然，在采取自救的前提下，根据事故严重程度，要在第一时间联系专业医疗机构和救助机构。

（一）人工呼吸法

火场上，触电、中毒、窒息的伤员常会发生呼吸突然停止的现象。呼吸骤停，时间稍久，就会发生死亡。因此，当伤员发生呼吸骤停时，必须及时采取正确的人工呼吸进行抢救。人工呼吸的方法有以下四种：

1. 口对口人工呼吸法

（1）使伤员仰卧在平地或硬板上，解开腰带和衣扣，检查呼吸道是否畅通，如有分泌物、血块或泥沙堵塞，应立即清除。如舌后坠时，可将舌拉出固定。

（2）救护者位于伤员一侧，用一只手把伤员下颌托起，使头后仰，呼吸道变直。用托伤员下颌的手轻按环状软骨，以压迫食道，防止把气吹入胃内。另一只手捏住鼻孔，不使漏气，并张开口腔，做好呼吸准备。

（3）救护者深吸一口气，迅速对准伤员口腔吹入，迅速抬头，并同时松开双手，使肺内气体排出，即为呼气。吹气力量不易过大，以免肺泡破裂，也不可太小，使气体不易进入肺内，如此反复进行，每分钟16~20次。

2. 口对鼻人工呼吸法

如果碰到有的伤员牙关紧闭，张不开口，无法进行口对口人工呼吸时，可采取口对鼻呼吸法。口对鼻呼吸法与口对口呼吸法，操作方法基本相同，只是把用手捏鼻改为捏嘴唇，对准鼻孔吹气，吹气力量应稍大，时间应稍长。

3. 仰卧压胸人工呼吸法

这是一种较普遍、应用最多的人工呼吸法。在紧急情况下，可以不翻动病人或是翻动不大即可进行抢救。操作方法如下：

（1）使伤员仰卧，两臂放在身旁，松开衣领和腰带。条件许可时，背部可加垫，使胸部略隆起。头侧向一边，保持呼吸道通畅。

（2）救护者两腿分开，取骑跪式，两膝放在伤员的大腿外侧中部的位置，面向伤员头部。两手呈扇状张开，放在伤员两乳头下方。两臂伸直，依靠体重和臂力推压伤员胸廓，使胸腔缩小，迫使气体由肺内排出。在此位置上停 2 秒钟。

（3）救护者双手松开，身体向后，略停 3 秒钟，使胸自行扩张，空气进入肺内，如此反复操作，每分钟 16~18 次。操作时压力要适当，避免压力过大造成肋骨骨折。

4. 仰卧伸臂人工呼吸法

伤员如有下肢负伤，无法用压胸法做人工呼吸时，可采用伸臂压胸。方法如下：

（1）使伤员仰卧，救护者面对伤员，两腿跪于伤员头部两侧。

（2）救护者两手抓住伤员两前臂挨近肘关节处，向上举过头部并向下向外拉双臂与地平，维持 2 秒钟，使胸廓缩小，挤气出肺，按上述动作反复进行，每分钟 16~18 次。

（二）外伤止血法

成人的血液量占其体重的 8%，一个体重 50 公斤的人，其血液约为 4 000 毫升。失血总量达到总血量的 20%以上时，出现明显的休克症状。外伤出血是灭火和抢险救灾中经常发生的情况，当受外伤引起大出血时，失血量达到 40%，就有生命危险。

1. 出血部位

（1）皮下出血。因跌、撞、挤、挫伤，造成皮下组织内出血，形成血肿、瘀斑，不会造成生命危险。

（2）外出血。血液从伤口流出，容易为人们所发现。

（3）内出血。体内深部组织、内脏损伤出血，血液流入组织内或体腔内，则不易为人们发现。

2. 出血种类

（1）动脉出血。呈喷射状、一股股地冒出鲜红色的血液，危险性最大。

（2）静脉出血。血液徐缓均匀外流，血色紫红，危险性小于动脉出血。

（3）毛细血管出血。血液像水珠样流出，多能自己凝固止血，危险性最小。

3. 失血表现

失血量达到全身血液总量的20%以上时，伤病员脸色苍白、冷汗淋漓、手脚发凉、呼吸急迫、心慌气短。脉搏快细而弱，以至摸不到。血压急剧下降，以至测不到。

4. 止血方法

（1）一般止血法。较小伤口，用纱布、绷带较紧地压迫包扎。

（2）指压止血法。用拇指压住出血的血管上方（近心端），使血管被压闭住，中断血流。

第三节　消防器材的使用

一、灭火的原理及措施

根据燃烧三要素，只要消除可燃物或把可燃物浓度充分降低；隔绝氧气或把氧气量充分减少；把可燃物冷却至燃点以下，均可达到灭火的目的。

（一）初期灭火

火灾发生后，许多情形下火灾规模都是随时间呈指数扩大。在灾情扩大之前的初期迅速灭火，能起到事半功倍的效果。火灾扩大之前，一个人用少量的灭火剂就能扑灭的火灾称为初期火灾。初期火灾的灭火活动称为初期灭火。对于可燃液体，其灭火工作的难易取决于燃烧表面积的大小。一般把 $1m^2$ 可燃液体表面着火视为初期灭火范围。通常建筑物起火 3 分钟后，就会有约 $10m^2$ 的地板、$7m^2$ 的墙壁和 $5m^2$ 的天花板着火，火灾温度可达700℃左右。此时已超出了初期灭火范围。

为了做到初期灭火，应彻底清查、消除能引起火灾扩大的条件。要有完善的防火计划，火灾发生时能够恰当应对。对消防器材应经常检查维护，确保紧急情况时能及时投入使用。

（二）抑制反应物接触

抑制可燃物与氧气的接触。水蒸气、泡沫、粉末等覆盖在燃烧物表面上，都是使可燃物与氧气脱离接触的窒息灭火方法。矿井火灾的密闭措施，则是大规模抑制与氧气接触的灭火方法。

对于固体可燃物，抑制其与氧气接触的方法除移开可燃物外，还可以将整个仓库密闭起来防止火势蔓延，也可以用挡板阻止火势扩大。对于可燃液体或蒸气的泄漏，可以关闭总阀门，切断可燃物的来源。如果关闭总阀门尚不足以抑制泄漏时，可以将泄漏物向排气管道排放，或转移至其他罐内，减少可燃物的供给量。对于可燃蒸气或气体，可以移走或排放，降低压力以抑制喷出量。如果是液化气，由于蒸发消耗了潜热而自身被冷却，蒸气压会自动降低。此外，容器冷却也可降低压力，所以火灾时喷水也起抑制可燃气体供给量的作用。

（三）减小反应物浓度

氧气含量在15%以下时，燃烧速度就会明显变慢。减小氧气浓度是抑制火灾的有效手段。在火灾现场，水、不燃蒸发性液体、氮气、二氧化碳以及水蒸气都有稀释降低可燃物浓度的作用。降低可燃物蒸气压或抑制其蒸发速度，均能收到降低可燃气体浓度的效果。

（四）降低反应物温度

把火灾燃烧热排到燃烧体系之外，降低温度使燃烧速度下降，从而缩小火灾规模，最后将燃烧温度降至燃点以下，起到灭火作用。低于火灾温度的不燃性物质都有降温作用。对于灭火剂，除利用其显热外，还可利用它的蒸发潜热和分解热起降温作用。

冷却剂只有停留在燃烧体系内，才有降温作用。水的蒸发潜热较大，降温效果好，但多数情况下水易流失到燃烧体系之外，利用率不高。强化液、泡沫等可以弥补水的这个弱点。

二、灭火剂及其应用

（一）水

1. 灭火作用

水是应用历史最长、范围最广、价格最廉的灭火剂。水的蒸发潜热较大，与燃烧物质接触被加热汽化吸收大量的热，使燃烧物质冷却降温，从而减弱燃烧的强度。水遇到燃烧物后汽化生成大量的蒸汽，能够阻止燃烧物与空气接触，并能稀释燃烧区的氧，使火势减弱。

对于水溶性可燃、易燃液体的火灾，如果允许用水扑救，水与可燃、易燃液体混合，可降低燃烧液体浓度以及燃烧区内可燃蒸气浓度，从而减弱燃烧强度。由水枪喷射出的加压水流，其压力可达几兆帕。高压水流强烈冲击燃烧物和火焰，会使燃烧强度显著降低。

2. 灭火形式

经水泵加压由直流水枪喷出的柱状水流称作直流水；由开花水枪喷出的滴状水流称作开花水；由喷雾水枪喷出，水滴直径小于 100μm 的水流称作雾状消防水。直流水、开花水可用于扑救一般固体如煤炭、木制品、粮食、棉麻、橡胶、纸张等的火灾，也可用于扑救闪点高于 120℃，常温下呈半凝固态的重油火灾。雾状消防水大大提高了水与燃烧物的接触面积，降温快效率高，常用于扑灭可燃粉尘、纤维状物质、谷物堆囤等固体物质的火灾，也可用于扑灭电气设备的火灾。与直流水相比，开花水和雾状消防水射程均较近，不适于远距离使用。

3. 注意事项

禁水性物质如碱金属和一些轻金属，以及电石、熔融状金属的火灾不能用水扑救。非水溶性，特别是密度比水小的可燃、易燃液体的火灾，原则上也不能用水扑救。直流水不能用于扑救电气设备的火灾，浓硫酸、浓硝酸场所的火灾以及可燃粉尘的火灾，原油、重油的火灾，浓硫酸、浓硝酸场所的火灾，必要时可用雾状消防水扑救。

（二）泡沫

泡沫灭火剂是重要的灭火物质。多数泡沫灭火装置都是小型手提式的，对于小面积火焰覆盖极为有效。也有少数装置配置固定的管线，可在紧急火灾中提供大面积的泡沫覆盖。对于密度比水小的液体火灾，泡沫灭火剂有着明显的长处。

泡沫灭火剂由发泡剂、泡沫稳定剂和其他添加剂组成。发泡剂称为基料，稳定剂或添加剂则称为辅料。泡沫灭火剂由于基料不同有多种类型，如化学泡沫灭火剂、蛋白泡沫灭火剂、水成膜泡沫灭火剂、抗溶性泡沫灭火剂、高倍数泡沫灭火剂等。

（三）干粉

干粉灭火剂是一种干燥易于流动的粉末，又称粉末灭火剂。干粉灭火剂由能灭火的基料以及防潮剂、流动促进剂、结块防止剂等添加剂组成。一般借助于专用的灭火器或灭火设备中的气体压力将其喷出，以粉雾形式灭火。

（四）其他灭火剂

还有二氧化碳、卤代烃等灭火剂。手提式的二氧化碳灭火器适于扑灭小型火灾，而大规模的火灾则需要固定管输出的二氧化碳系统，释放出足够量的二氧化碳覆盖在燃烧物质之上。采用卤代烃灭火时应特别注意，这类物质加热至高温会释放出高毒性的分解产物。

例如应用四氯化碳灭火时，光气是分解产物之一。

三、灭火设施

（一）水灭火装置

1. 喷淋装置

喷淋装置由喷淋头、支管、干管、总管、报警阀、控制盘、水泵、重力水箱等组成。当防火对象起火后，喷头自动打开喷水，具有迅速控制火势或灭火的特点。

喷淋头有锁封易熔合金喷淋头和玻璃球阀喷淋头两种形式。对于前者，防火区温度达到一定值时，易熔合金熔化锁片脱落，喷口打开，水经溅水盘向四周均匀喷洒。对于后者，防火区温度达到释放温度时，玻璃球破裂，水自喷口喷出。可根据防火场所的火险情况设置喷头的释放温度和喷淋头的流量。喷淋头的安装高度为 3.0～3.5m，防火面积为 7～9m^2。

2. 水幕装置

水幕装置是能喷出幕状水流的管网设备。它由水幕头、干支管、自动控制阀等构成，用于隔离冷却防火对象。每组水幕头须在与供水管连接的配管上安装自动控制装置，所控制的水幕头一般不超过 8 只。供水量应能满足全部水幕头同时开放的流量，水压应能保证最高最远的水幕头有 3 米以上的压头。

（二）泡沫灭火装置

泡沫灭火装置按发泡剂不同分为化学泡沫和空气机械泡沫装置两种类型。按泡沫发泡倍数分为低倍数、中倍数和高倍数三种类型。按设备形式分为固定式、半固定式和移动式三种类型。泡沫灭火装置一般由泡沫液罐、比例混合器、混合液管线、泡沫室、消防水泵等组成。泡沫灭火器主要用于灌区灭火。

（三）蒸汽灭火装置

蒸汽灭火装置一般由蒸汽源、蒸汽分配箱、输汽干管、蒸汽支管、配汽管等组成。把蒸汽施放到燃烧区，使氧气浓度降至一定程度，从而终止燃烧。试验得知，对于汽油、煤油、柴油、原油的灭火，燃烧区每立方米空间内水蒸气的量应不少于 0.284kg。经验表明，饱和蒸汽的灭火效果优于过热蒸汽。

（四）二氧化碳灭火装置

二氧化碳灭火装置一般由储气钢瓶组、配管和喷头组成。按设备形式分为固定和移动两种类型。按灭火用途分为全淹没系统和局部应用系统。二氧化碳灭火用量与可燃物料的物性、防火场所的容积和密闭性等有关。

（五）氮气灭火装置

氮气灭火装置的结构与二氧化碳灭火装置类似，适于扑灭高温高压物料的火灾。用钢瓶储存时，1kg 氮气的体积为 0. 8m^3，灭火氮气的储备量不应少于灭火估算用量的 3 倍。

（六）干粉灭火装置

干粉是微细的固体颗粒，有碳酸氢钠、碳酸氢钾、磷酸二氢铵、尿素干粉等。密闭库房、厂房、洞室灭火干粉用量每 3 米空间应不少于 0. 6kg；易燃、可燃液体灭火干粉用量每平方米燃烧表面应不少于 2. 4kg。空间有障碍或垂直向上喷射时，干粉用量应适当增加。

（七）烟雾灭火装置

烟雾灭火装置由发烟器和浮漂两部分组成。烟雾剂盘分层装在发烟器筒体内。浮漂是借助液体浮力，使发烟器漂浮在液面上，发烟器头盖上的喷孔要高出液面 350~370mm。

烟雾灭火剂由硝酸钾、木炭、硫黄、三聚氰胺和碳酸氢钠组成。硝酸钾是氧化剂，木炭、硫黄和三聚氰胺是还原剂，它们在密闭系统中可维持燃烧而不需要外部供氧，碳酸氢钠作为缓燃剂，使发烟剂燃烧速度维持在适当范围内而不至于引燃或爆炸。烟雾灭火剂燃烧产物 85%以上是二氧化碳和氮气等不燃气体。灭火时，烟雾从喷孔向四周喷出，在燃烧液面上布上一层均匀浓厚的云雾状惰性气体层，使液面与空气隔绝，同时降低可燃蒸气浓度，达到灭火目的。

（八）灭火设施使用与保养

泡沫灭火器使用时需要倒置稍加摇动，而后打开开关对着火焰喷出药剂。二氧化碳灭火器只须一手持喇叭筒对着火源，一手打开开关即可。四氯化碳灭火器只须打开开关液体即可喷出。而干粉灭火器只须提起圈环干粉即可喷出。

灭火器应放置在使用方便的地方，并注意有效期限。要防止喷嘴堵塞，压力或质量小于一定值时，应及时加料或充气。

参考文献

[1] 魏顺安，谭陆西. 化工工艺学［M］. 重庆：重庆大学出版社有限公司，2021.

[2] 田维亮，李仲，陈俊毅. 化学化工专业实习［M］. 上海：华东理工大学出版社有限公司，2021.

[3] 吕宜春，郑艳玲，范金皓. 化工安全技术［M］. 北京：化学工业出版社，2021.

[4] 李慧. 化工生产安全技术［M］. 北京：中国环境出版有限责任公司，2021.

[5] 俞文光，孟邹清，方来华. 危险化学品安全丛书化工安全仪表系统［M］. 北京：化学工业出版社，2021.

[6] 刘家喜，阎卫东，孙丽. 化工产业园区风险场与安全容量研究［M］. 北京：中国建筑工业出版社，2021.

[7] 张学花. 化工生产技术与操作［M］. 3 版. 大连：大连理工大学出版社，2021.

[8] 刘滔，万琼，雷小佳. 炼油化工装置操作技术［M］. 北京：石油工业出版社有限公司，2021.

[9] 王振荣. 燃气作业安全技术与管理［M］. 北京：化学工业出版社，2021.

[10] 张晓宇. 化工安全与环保［M］. 北京：北京理工大学出版社，2020.

[11] 刘海峰，曾晖，李瑞. 化工实践实验室安全手册［M］. 广州：中山大学出版社，2020.

[12] 魏刚，王益民，顾永和. 化工工艺及安全技术［M］. 北京：中国石化出版社，2019. 01.

[13] 崔政斌，丁强，张美元. 危险化工工艺安全技术与管理［M］. 北京：化学工业出版社，2019.

[14] 韩长日，宋小平. 电子及信息用化学品生产工艺与技术［M］. 北京：科学技术文献出版社，2019.

[15] 倪晓阳. 安全工程生产实习指导书［M］. 武汉：中国地质大学出版社有限责任公司，2019.

[16] 陈健，李媛，马丽丽. 高分子材料加工技术专业创新发展研究［M］. 长春：吉林

大学出版社，2019.

[17] 刘作华，陶长元，范兴．化工安全技术［M］．重庆：重庆大学出版社，2018.

[18] 刘建周．化工原理课程设计［M］．徐州：中国矿业大学出版社，2018.

[19] 吴健．化工生产与安全技术［M］．杭州：浙江大学出版社，2017.

[20] 杨伯涵．化工生产安全基础知识实用读本［M］．苏州：苏州大学出版社，2017.

[21] 黄科．精细化工项目管理［M］．上海：华东理工大学出版社，2017.

[22] 高兴涛，盖帅，王瑞．化工工艺安全技术管理分析［J］．科技创新导报，2022（15）：142-144.

[23] 杜江．化工工艺的安全技术管理［J］．石油石化物资采购，2019（36）：2.

[24] 李应民．石油化工工艺技术性安全研究［J］．石油石化物资采购，2022（21）：67-69.

[25] 王丽健．精细化工工艺的安全管理探究［J］．石油石化物资采购，2022（21）：145-147.

[26] 徐利红．化工企业工艺安全技术管理探讨［J］．中国化工贸易，2020（11）：58，60.

[27] 高文华，郭宝全，孟建新．危险化工工艺的危险元素与安全控制技术分析［J］．计算机产品与流通，2021（12）：195-196.

[28] 王冬进．化工企业工艺安全技术管理分析［J］．中国化工贸易（中旬刊），2018（5）．

[29] 贺晓娟．浅析化工企业工艺安全技术管理［J］．大东方，2018（7）．

[30] 李永红．精细化工工艺的安全设计［J］．化工管理，2022（2）：154-156.

[31] 王小强．化工工艺及设备生产的安全分析［J］．石化技术，2022（10）：237-239.